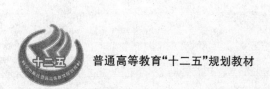

普通高等教育"十二五"规划教材

全国普通高等教育基础医学类系列配套教材

供基础、临床、预防、口腔、护理等医学类专业使用

生理学实验教程

苗维纳 杜 联 主编

科学出版社

北 京

内 容 简 介

　　本书是针对生理学实验教学而编写的配套教材。全书共有八章，内容分为三个方面。第一方面介绍生理学实验的基本要求，生理学实验报告的书写要求，生理学实验常用的器材，以及生理学实验的基本操作技能；第二方面详细地介绍了将要做的实验的内容和实验方法，以便更好地指导学生进行实验；第三方面是与其他实验教程不同的地方，增加了与实验内容相符的实验练习题和生理学实验模拟试卷，以及供教师对学生实验操作技能评价的生理学实验技能考核表和供学生书写的生理学实验报告。

　　本书适用于中医药院校所有专业学生使用。

图书在版编目（CIP）数据

生理学实验教程/苗维纳，杜联主编. —北京：科学出版社，2015.1
普通高等教育"十二五"规划教材
ISBN　978-7-03-042724-3

Ⅰ.①生…　Ⅱ.①苗…　②杜…　Ⅲ.①生理学–实验–高等学校–教材
Ⅳ.①Q4-33

中国版本图书馆 CIP 数据核字（2014）第 288778 号

责任编辑：刘　畅/责任校对：郑金红
责任印制：赵　博/封面设计：迷底书装

科 学 出 版 社 出版
北京东黄城根北街 16 号
邮政编码：100717
http://www.sciencep.com
文林印务有限公司印刷
科学出版社发行　各地新华书店经销
*
2015 年 1 月第　一　版　开本：720×1000 1/16
2017 年 1 月第三次印刷　印张：6
字数：120 000
定价：25.00 元
（如有印装质量问题，我社负责调换）

《生理学实验教程》
编辑委员会

主 编

苗维纳 杜 联

副主编

何维福 张昌惠 熊小明

其 他 编 委

（以姓氏笔画为序）

王 蛟 冯雪桦 李 丹 李白雪

吴筱芳 黄 兰 谢怡敏

前　言

　　生理学于 2012 年被评为我校的精品课程,而精品课程的重点内容之一就是教材建设。目前我校生理学实验的教学情况是专业多,班次多,各专业的教学学时差异很大（9~18 学时）,而且有的专业生理学实验已单独成为一门课程。此前使用的教材是李国彰主编的《生理学教程》,而此教材针对性不强,与我校的生理学实际教学不符合,每次上实验课要花费很多时间来讲解不同之处,在实际操作时,学生往往搞错,因此目前急需编写一本与我校实际相符合的教材。为此生理学教研室教师决定编写针对我校生理学实验实际情况的《生理学实验教程》。本教程的编写有三个创新点:①第一次将生理学实验报告正式编入书中,作为书的组成部分。生理学实验报告的书写是生理学实验的重要组成部分,但一直以来学生使用的实验报告纸是不规范的,影响了实验报告的质量,同时生理学实验报告几乎都被学生遗失了,很难保存下来。将实验报告与实验教程同编在一本书中可提高学生书写实验报告的质量,便于教师的批改,防止学生丢失,也便于作为原始资料保存。②针对全国大学生技能竞赛,第一次编写了生理学基本技能综合实验。③第一次将生理学实验练习题和模拟试卷编入生理学实验教程,这样可加深学生对实验的理解和记忆,从而提高生理学实验的教学质量。

主　编

2014 年 12 月

目　录

第一章 生理学实验课的要求

第一节 生理学实验课前准备

实验前每班的班委按 5 或 6 人为一个实验小组进行分组，并选出实验小组组长。实验小组组长的任务是：①按每次实验操作内容进行详细的分工，确保每位同学都能参与到实验中，并督促小组成员认真重点预习所负责的那部分实验内容，组织好实验，保证实验成功。本实验教程的实验内容主要有麻醉、颈部手术、腹部手术、气管插管、颈动脉插管、输尿管插管、给药、实验结果观察和记录等，但每次内容有所不同。②实验前到带习老师处领取实验器材，并清点数目，检查针管、烧杯有无破损，针尖是否通畅，实验后将实验器材擦干、摆好，如数交还给带习老师，如有损坏、丢失照价赔偿。③实验结束后，督促小组同学清洗器械并做好本组实验区域的清洁卫生，包括桌面、兔台、支架、电脑等，填写生理学实验技能考核表，在以上工作完成后请带习老师到实验小组检查并打出该次实验的技能分数。

第二节 生理学实验过程中的要求

（1）首先每位同学必须遵守实验室的规章制度：穿白大褂，不得穿拖鞋进入实验室；不得喧哗、聊天；进入实验室后按实验小组坐好，认真听取带习老师讲实验要求和注意事项；实验中不得随意走动，更不能影响其他实验小组的实验。

（2）实验操作中注意兔毛的处理，剪下的兔毛一定要放入干的空烧杯中，并及时倒入垃圾桶内，不要弄得整个兔台、桌面都是兔毛。在进行手术操作时一定要保证手术区域的整洁、干净，不能有兔毛、血、尿和粪便。器械不能随意放在桌上，一定要放在手术盘内。切开皮肤时的出血可用生理盐水纱布压迫止血，如出血量较大，先找到出血点，再用止血钳夹住，然后用丝线结扎止血。切开皮肤后，不能再用手术刀切割组织。实验中所有的药品都在前面带习老师的桌子上，药品请到前面取，取时注意核对标签，不要把药瓶拿下去。

（3）实验中每位同学都要动手，保证自己负责的项目成功，不得代做。在实验中也要发挥团队精神，团结协调，确保实验成功。如因动物本身造成动物死亡而导致实验失败，可换动物再次实验；如因操作失误造成动物死亡，不得再次实验，可加入其他组继续实验，但实验技能考核分只能计基本分 50 分，实验成功组，至少可计 90 分，再根据清洗实验器械及本组实验区域的清洁卫生的情况，以及实验结果记录的情况，增加相应的分值。

第三节　生理学实验结束后的要求

动物实验结束后，从兔耳缘静脉注入空气 20ml，造成空气栓塞处死动物，并用丝线结扎大血管防止血液流出，清查动物身体上是否还有手术器械，特别注意动脉夹、蛙心夹，最后将动物放到指定的地方；然后每组同学清洁实验区域的卫生，清洗、擦干手术器械，摆放好，由组长填写生理实验技能考核表，并请带习老师到组评分，由组长交还手术器械，在带习老师同意的情况下才能离开教室，不得随意离开教室。

每次实验结束后，由班委安排 1 或 2 组同学打扫整个实验室的清洁卫生，首先检查每组的电脑是否关闭，桌面是否干净，如不干净，再次清洁；然后查看实验桌抽屉有无垃圾，清扫实验室地面，并用拖把拖地，特别是有血迹的地方要拖干净，摆好凳子，疏通水槽，将垃圾倒入实验室外的垃圾桶内，关好门窗、水电。最后，班长将参加实验的全体同学的签名单填好并签上名字交给带习老师，在老师同意下离开实验室。

第二章 生理学实验报告格式与书写要求

（1）【实验者姓名】 　　　　　　　【班级及学号】

（2）【参加人员】

（3）【实验日期】 　　　　　【地点】 　　　　【室温】 　　　【记录员】

（4）【实验题目】 　实验的内容

（5）【实验目的】 　简明扼要地说明实验的目的

（6）【实验原理】 　实验设计的理论基础

（7）【实验对象】 　动物的名称

（8）【实验器材和药品】 　实验中所用的仪器、材料和药品

（9）【实验方法与步骤】 　写出主要方法与步骤，也可简写为见《生理学实验教程》××页。

（10）【实验结果】 　实验结果是实验报告中最重要的部分，应忠实、详细和系统、客观和准确地将实验过程中所观察到的原始资料记录下来。记录的方式可是文字、数字、表格、图形、照片等。实验结果是曲线记录的应标明所给刺激或给药的名称，是数据的可绘制成图表进行表达。严禁擅自撕页或涂改，更不能用整理后的记录替代原始记录，要保持记录的原始性和真实性。

（11）【实验讨论】 　实验讨论是实验报告中最具有创新性的部分，是独立思考、独立工作能力的具体体现，因此应该严肃、认真，不能盲目抄袭书本和他人的实验报告。由于实验中环境条件、动物个体、药物剂量等差异，可能出现各种误差及非预期性的结果，应客观分析其产生的原因，尽可能提出个人有价值的见解。

（12）【结论】 　结论是对本次实验一种概括性、原则性、理论性的简明总结，应与本次实验的目的相呼应。不要再具体罗列实验结果；有的实验结果不能明确地推导出某种理论性的结论，也可以不写结论；结论不要轻易推论和引申。

第三章 生理学实验常用手术器械介绍

第一节 蛙类动物实验手术器械

一、蛙类动物实验手术器械的类型与数目

蛙类动物实验手术器械根据实验内容有所不同，我校蛙类动物实验的手术器械有：粗剪刀 1 把，手术剪 1 把，眼科剪 1 把，止血钳 1 把，有齿镊 1 个，金属探针 1 个，玻璃分针 1 根，蛙心夹 1 个，蛙板 1 个，蛙钉 4 个，培养皿 1 个，丝线 1 轴，见图 3-1。

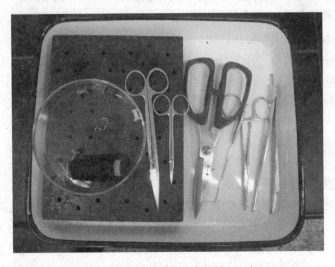

图 3-1 蛙类动物实验手术器械（1 套）

二、蛙类动物实验各手术器械的作用

（1）粗剪刀：为普通的剪刀。在蛙类的实验中，用来剪蛙的脊柱、骨等粗硬组织。

（2）手术剪：用于剪皮肤和筋膜等组织。

（3）眼科剪：用于剪心包膜。

（4）止血钳：用于止血、夹捏组织和牵拉切口处的皮肤。

（5）有齿镊：用于夹捏组织和牵拉切口处的皮肤。

（6）金属探针：用于捣毁破坏蛙的脑和脊髓。

（7）玻璃分针：用于分离神经、血管及肌肉间的结缔组织。

（8）蛙心夹：使用时用一端夹住心尖，另一端借连线连于张力换能器，以描记心脏活动。

（9）蛙板：约为 20cm×15cm 并有许多小孔的木板，用于固定蛙类以便进行实验。

（10）蛙钉：将蛙腿钉在木板上。

第二节　哺乳类动物实验手术器械

一、哺乳类动物实验手术器械的类型与数目

哺乳类动物实验手术器械根据实验内容有所不同，我校哺乳类动物实验的手术器械有：手术刀 1 把，弯、直手术剪各 1 把，眼科剪 1 把，止血钳 5 把，动脉夹 1 个，气管插管 1 个（或血管插管、输尿管插管），玻璃分针 1 个，丝线 1 轴，棉绳 5 根，注射器 3 个（1ml、5ml、10ml），针头，见图 3-2。

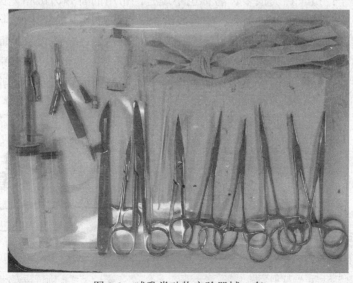

图 3-2　哺乳类动物实验器械 1 套

二、哺乳类动物实验各手术器械的作用

（1）手术刀：包括刀柄和刀片两部分，安装、取下刀片的方法见图3-3。用于切开和解剖组织。持刀方法有4种，分别执弓式、握持式、执笔式和反挑式，见图3-4。前两种用于切开较长或用力较大的切口；后两种用于较小切口，如解剖血管、神经等组织。

图 3-3 安装和取下刀片法　　　　　　图 3-4 四种持刀法

1. 安刀片法 2. 取刀片法　　　　1. 执弓式 2. 握持式 3. 执笔式 4. 反挑式

（2）手术剪：弯手术剪用于剪毛；直手术剪用于剪开皮肤和皮下组织、筋膜和肌肉等；眼科剪用于剪神经、血管或输尿管等。正确持剪姿势是用拇指与无名指持剪，食指置于手术剪的上方，见图3-5。

（3）镊子：镊子种类很多，名称也不统一，常用的有有齿镊和无齿镊两种，用于夹住或提起组织，以便剥离、剪断或缝合。有齿镊用于提起皮肤、皮下组织、筋膜、肌腱等较坚韧的组织，使其不易滑脱。但有齿镊不能用以夹持重要器官，以免造成损伤。无齿镊用于夹持神经、血管、肠壁或其他脏器，较脆弱组织，而不致使其受损伤。夹捏细软组织用眼科镊子。正确持镊方法如图3-6所示。

图 3-5 正确持剪姿势　　　　　　图 3-6 正确持镊方法

（4）止血钳：有直、弯、带齿和蚊式钳等数种。主要用于夹血管或止血点，以达止血的目的，也用于分离组织、牵引缝线，把持或拔缝针等。持钳的方法见图 3-7。开放止血钳的方法是利用右手已套入止血钳的拇指与无名指相对挤压，继而两指向相反的方向旋开，见图 3-8。

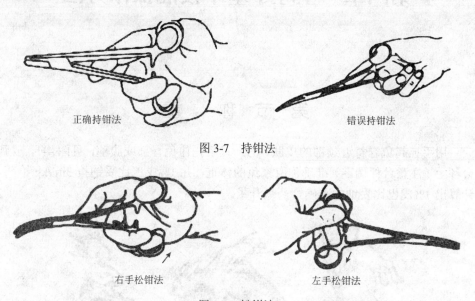

正确持钳法　　　　　　　　　　　　　　错误持钳法

图 3-7　持钳法

右手松钳法　　　　　　　　　　　　　　左手松钳法

图 3-8　松钳法

（5）动脉夹：用于阻断动脉血流。

（6）气管插管：用于急性动物实验时插入气管，以保证呼吸道通畅。一端接呼吸换能器或压力换能器可记录呼吸运动。

（7）血管插管：用于动脉、静脉插管。血管插管可用 16 号输血针磨平针头或相应口径的聚乙烯管代替。实验时一端插入动脉或静脉，一端接压力换能器以记录血压。插管时，管腔内应排除所有气泡，以免影响实验结果。静脉插管插入静脉后固定，以便在实验过程中随时用注射器向静脉血管中注入药物和溶液。

（8）输尿管插管：用较细的聚乙烯管插入兔输尿管将尿液引出，可观察动物尿液生成的情况。

（9）三通开关：可按实验需要改变液体流动的方向，便于静脉给药、输液和描记动脉血压。

注意各种手术器械使用后，都应及时清洗，齿间、轴间的血迹也应用小刷刷洗干净。洗净后用干纱布擦拭干净，忌用火烤、烘干或重击。久置不用的金属器械应擦油保护。

第四章 生理学基本技能操作方法

第一节 称 重

用手抓起兔脊背近颈部的皮肤，另一只手托住兔臀部或腹部，见图 4-1，放到台秤上（注意台秤调零）准确称取家兔的体重，并 1%戊巴比妥钠按 3ml/kg 给药，计算出 1%戊巴比妥钠的准确给药毫升量。

图 4-1 正确的抓兔姿势

第二节 麻 醉

常用 1%戊巴比妥钠溶液，按 3ml/kg 体重从耳缘静脉麻醉。首先一名同学将兔放到兔台上，用手轻抚让它安静并轻轻固定住它，用拇指与食指压住兔耳的根部，阻止静脉的回流，让兔耳静脉充盈，另一名同学用水打湿兔耳的毛或用眼科剪剪去兔耳的毛，暴露兔耳缘静脉，然后用左手拇指和无名指固定耳朵，并与食指、中指绷紧注射部位，右手持注射器，顺血管方向刺入静脉 0.5～1cm，见有回血后，用左手拇指与食指连同兔耳和针头死死固定住，腾出右手缓慢推注麻药，如阻力大或局部肿胀苍白，说明针头在血管外，应重新注射。注射应从血管远心端开始，以便逐次向近心端重复注射，见图4-2。注意在推注麻药时不要过量，前一半药可以快速推入，后一半缓慢推入，一边注射，一边观察兔的呼吸运动、角膜反射和肌张力，当兔的呼吸减慢，角膜反射消失，肌张力明显降低时，说明麻醉成功。

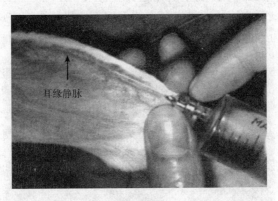

图4-2　兔耳缘静脉注射

第三节　固　定

兔的固定常用仰卧位固定法（图4-3），首先用棉绳打活扣绑住兔上下肢第一关节上方，然后固定到兔台周边的铁螺丝上，用棉绳拉住兔的上门齿将兔头固定于手术台柱上，注意一定要固定紧，让动物不能乱动，有利于手术，因为麻药不够或麻药失效后，兔子会挣扎。

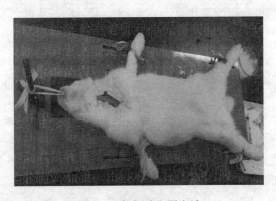

图4-3　兔仰卧位固定法

第四节 剪 毛

用弯手术剪的一侧紧贴兔的皮肤，另一侧向其靠拢，依次将手术范围内的皮毛剪去（图 4-4）。这样既可剪掉兔毛，又不会剪到皮肤（切忌不要用手拎起皮肤剪毛，这样容易剪破皮肤），剪下的兔毛及时放入烧杯内，不要放到桌面、兔台，烧杯内不要放水，剪完后马上将烧杯内的毛倒入垃圾桶内，在这一过程中最好不要与水接触，因为毛遇水易与手、器械黏附不易清洁，且会影响实验操作。

图 4-4　兔颈部剪毛

第五节　切 开 皮 肤

先用左手拇指和食指绷紧皮肤，右手持手术刀切开皮肤，切口大小以便于手术操作为宜。

第六节　分 离 组 织

分离组织的方法有钝性分离和锐性分离两种。钝性分离即用止血钳顺着组织间隙分离肌肉、脏器、神经或血管之间的结缔组织，这种分离不易损伤肌肉、脏器、神经或血管等。锐性分离即用手术刀或剪刀分离皮下筋膜等组织，很容易损伤到小血管、神经，因此，一般不主张用来分离组织、神经、血管或其他脏器，如要使用，一定要看清楚有无血管、神经等，才能用手术刀或剪刀切开或剪开组织，要求准确、范围小。

第七节 止 血

切开皮肤时，常会损伤到毛细血管或微小血管引起出血，此时可用盐水打湿的纱布压迫止血；如遇到小血管或较大血管出血，首先用盐水纱布压迫，仔细找到出血点，用止血钳夹住血管及周围少量组织，然后用丝线结扎止血；如肌肉组织出血也可用结扎的方法止血。

第八节 插管术（气管插管、颈总动脉插管、输尿管插管）

分别在呼吸、血压、泌尿实验中描述。

第五章　BL-420 生物机能实验系统介绍

第一节　概　　述

　　BL-420 生物机能实验系统是配置在计算机上的 4 通道生物信号采集、放大、显示、记录与处理系统。由计算机、BL-420 系统硬件、TM_WAVE 生物信号采集与分析软件组成。BL-420 系统硬件是一台程序可控的带 4 通道生物信号采集与放大功能，并集高精度、高可靠性及宽适应范围的程控刺激器于一体的设备，可连接压力换能器、肌张力换能器及引导电极与刺激电极等。TM_WAVE 生物信号采集与分析软件利用计算机强大的图形显示与数据处理功能，可同时显示 4 通道从生物体内或离体器官中探测到的生物信号或张力、压力等生物非电信号的波形，并可对实验数据进行存储、分析及打印。其工作原理见图 5-1。

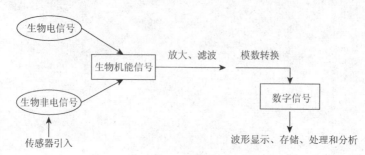

图 5-1　BL-420 生物机能实验系统原理

第二节　BL-420 系统硬件引导面板介绍

　　（1）CH1、CH2、CH3、CH4：分别代表第一通道、第二通道、第三通道、第四通道生物信号输入接口，可连接压力换能器、肌张力换能器及引导电极等，本实验常用第一通道。

　　（2）全导联心电输入口（ECG）：用于输入全导联心电信号。

（3）记滴/触发输入：触发输入接口用于在刺激触发方式下，外部触发器通过这个接口触发系统采样。

（4）刺激输出：刺激输出接口（旁边标注方波标识）接刺激电极。

（5）监听输出：监听输出接口（旁边标注喇叭标识）（图 5-2）。

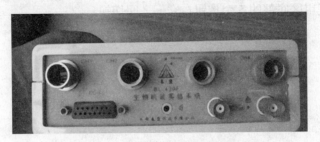

图 5-2　BL-420 系统硬件引导面板

第三节　TM_WAVE 生物信号采集与分析软件主界面介绍

TM_WAVE 生物信号采集与分析软件主界面（图 5-3）从上到下依次分为标题

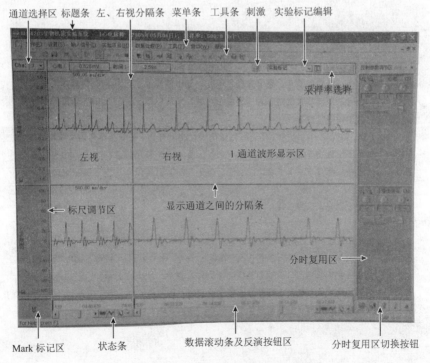

图 5-3　TM_WAVE 生物信号采集与分析软件主界面

条、菜单条、工具条、波形显示区、数据滚动条及反演按钮区、状态条等 6 个部分；从左到右分为标尺调节区、波形显示区和分时复用区三部分。在标尺调节区的上方是通道选择区，下方是 Mark 标记区。分时复用区包括控制参数调节区、显示参数调节区、通用信息显示区、专用信息显示区和刺激参数调节区 5 个分区，可通过分时复用区底部的 5 个按钮在它们之间切换。

第六章 实 验 内 容

实验一　刺激强度和频率与肌肉收缩的关系

【实验目的】

通过改变电刺激的强度、频率，分别观察蛙腓肠肌标本对不同刺激强度、频率的收缩反应，从而进一步加深对阈下刺激、阈刺激、阈上刺激和最大刺激强度的理解，加深对刺激频率与骨骼肌收缩反应之间关系的了解。

【实验原理】

活的神经肌肉组织具有兴奋性，能接受刺激发生兴奋反应。衡量单一细胞兴奋性大小的指标常用阈值来表示，阈值是指在刺激作用时间和强度-时间变化率固定不变的条件下，能引起组织细胞兴奋所需的最小刺激强度；达到这种强度的刺激称为阈刺激。单一细胞的兴奋性是恒定的，但是不同细胞的兴奋性并不相同，因此，对于多细胞的组织来说，在一定范围内，刺激与反应之间表现为非"全或无"的关系。腓肠肌是多细胞组织，当单个方波电刺激作用于腓肠肌时，如果刺激强度太小，则不能引起肌肉收缩，当刺激强度达到阈值时，才能引起肌肉发生最微弱的收缩，这时引起的肌肉收缩称阈收缩（只有兴奋性高的肌纤维收缩）；以后随着刺激强度的增加，肌肉收缩幅度也相应地增大，这种刺激强度超过阈值的刺激称阈上刺激；当刺激强度增大到某一数值时，肌肉出现最大收缩反应；如再继续增大刺激强度，肌肉的收缩幅度不再增大，这种能使肌肉发生最大收缩反应的最小刺激强度称为最适强度，具有最适强度的刺激称为最大刺激；最大刺激引起的肌肉收缩称最大收缩（所有的肌纤维都收缩）。由此可见，在一定范围内，骨骼肌收缩的强度决定于刺激的强度，这是刺激与肌组织反应之间的一个普遍规律。

肌肉兴奋的外在表现形式是收缩。给具有活性的肌肉一个阈刺激或阈上刺激，肌肉将发生一次收缩，此收缩称为单收缩，单收缩的全过程可分为潜伏期、收缩期和舒张期。当给肌肉连续的脉冲刺激时，在刺激频率较低时，因每一个新的刺激到来，由前一次刺激引起的单收缩过程已经结束，所以每次刺激都引起一次独立的单收缩；当刺激频率逐渐增加到后一个刺激落在前一次收缩的舒张期内时，每次新的收缩都出现在前一次收缩的舒张过程中，收缩过程呈锯齿状，此收缩称为不完全强直收缩；当刺激频率继续增加到后一个刺激落在前一次收缩的收缩期内时，肌肉则处于完全的持续收缩状态，看不到舒张的痕迹，此收缩称为完全强直收缩。

【实验对象】

牛蛙。

【实验器材和药品】

蛙类动物实验手术器械 1 套，BL-420 生物机能实验系统，刺激电极，肌张力换能器，铁支架，双凹夹，烧杯，纱布，手术丝线，滴管，任氏液。

【实验方法与步骤】

一、连接实验仪器装置

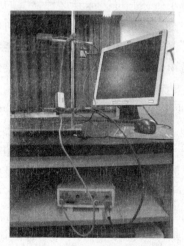

图 6-1　肌张力换能器与刺激电极的连接

实验前首先将肌张力换能器与BL-420系统硬件引导面板的第一通道连接，刺激电极与 BL-420 系统硬件引导面板的刺激输出接口（旁边标注方波标识）线连接，见图 6-1（一般实验室老师已事先将实验仪器连接好，学生主要是学习了解实验仪器的连接且检查是否连接好，仪器开关是否打开）。

二、动物实验手术

1. 捣毁破坏牛蛙脊髓　取牛蛙 1 只，用自来水冲洗干净，用纱布包住牛蛙的腹部，左手握紧牛蛙，右手拿粗剪刀，从牛蛙的嘴角将粗剪刀的一侧尖端伸入牛蛙口腔中，另一侧粗剪刀放到牛蛙的眼眶上，然后用力将牛蛙的头部剪下，暴露出牛蛙的椎管孔，将金属探针向下插入椎管孔，反复提插捣毁脊髓，直至牛蛙四肢松软，表明脊髓已完全被破坏。

2. 分离腓肠肌　将牛蛙放在蛙板上，用镊子夹起膝关节处皮肤，然后用手术剪从上往下剪开皮肤并用镊子将小腿皮肤全部剥掉，暴露出腓肠肌，用玻璃分针沿间隙将筋膜与腓肠肌分开，一直到跟腱处，在跟腱处穿线并结扎，在结扎处远端剪断跟腱，轻提结扎线，使腓肠肌完全游离。

3. 连接肌张力换能器　先将肌张力换能器用双凹夹固定在腓肠肌上方的铁支架上，然后将结扎腓肠肌跟键线的一端与其上方的肌张力换能器的悬梁臂连接，并调整腓肠肌与肌张力换能器的连线，保持垂直和适宜的紧张度；再将刺激电极与腓肠肌的肌腹紧密贴紧，见图6-2。

图 6-2　实验标本与肌张力换能器、刺激电极的连接

三、刺激强度与肌肉收缩反应关系的观察

打开计算机，进入 TM_WAVE 生物信号采集与分析软件主界面，点击菜单中"实验项目"下"肌肉神经实验"，选定"刺激强度与反应的关系"，进入后重新设定刺激参数（图6-3），再开始进行实验观察并实时记录。

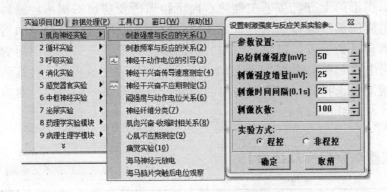

图 6-3　刺激强度与肌肉收缩反应关系的实验

四、刺激频率与肌肉收缩关系的观察

打开计算机，进入 TM_WAVE 生物信号采集与分析软件主界面，点击菜单中

"实验项目"下"肌肉神经实验",选定"刺激频率与反应的关系",进入后点击"经典实验"(图6-4),再开始进行实验观察并实时记录。

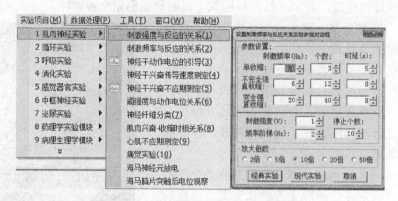

图 6-4 刺激频率与肌肉收缩关系的实验

五、实验结果剪辑

每个实验完成后,都要进行剪辑。先点击红色的暂停按钮,将鼠标移动到波形显示窗口左侧与标尺调节区之间,按住鼠标左键向右侧拉动,就会打开实验回放窗口,拖动主界面下方的滚动条就可显示已做过的实验图形,选择要剪辑的图形,当选择好要剪辑的图形后,点击主界面左侧下方"图钉图标",再将实验图形向下拉至刺激标记处,将图形与刺激标记对整齐后进行剪辑。剪辑时首先点击实验回放窗口上方菜单中的"剪刀图标",再将鼠标移动到要剪辑图形的上方,按下左键向右向下拉黑所要剪辑的图形,然后放开左键,所剪辑的图形就自然地剪辑到了剪辑板上,此时可按左键拖动剪辑图形放置到剪辑板的上方,以免下一幅剪辑图形将其覆盖,第一幅图形剪辑完毕后,点击主界面右上侧的"门形图标",返回到实验回放窗口,再拖动主界面下方的滚动条选择第二幅需要剪辑的图形,方法与第一幅相同,剪辑图形结果见图6-5和图6-6。

【实验观察指标及结果】

观察指标	刺激强度/mV								
肌肉收缩（有/无）									
肌肉收缩幅度									

观察指标	刺激频率/Hz			
肌肉收缩形式				

【实验观察结果图示】

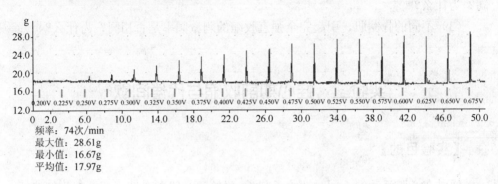

频率：74次/min
最大值：28.61g
最小值：16.67g
平均值：17.97g

图 6-5　刺激强度与肌肉收缩反应关系图

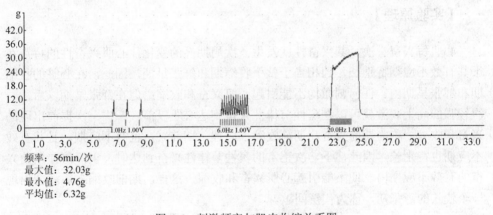

频率：56min/次
最大值：32.03g
最小值：4.76g
平均值：6.32g

图 6-6　刺激频率与肌肉收缩关系图

【实验注意事项】

（1）剪牛蛙脑和捣毁破坏脊髓时，不要将牛蛙的头部对着自己和别人的面部，以防血、液体溅入眼内。

（2）腓肠肌标本与肌张力换能器之间连线的松紧度要适宜，且垂直。

（3）两根刺激电极要平行，不能靠在一起，且要与腓肠肌的肌腹贴紧。

（4）经常滴加任氏液，以保持腓肠肌标本湿润，具有良好的兴奋性。

【实验思考题】

（1）刺激强度与骨骼肌收缩幅度之间的关系如何？为什么？

（2）同一块肌肉，其单收缩、不完全强直收缩和完全强直收缩的幅度是否相同？为什么？

（3）不同的骨骼肌，引起完全强直收缩的刺激频率是否相同？为什么？

实验二　蛙心期前收缩与代偿间歇

【实验目的】

通过在心脏活动的不同时期给予刺激，以验证心肌兴奋性周期性变化的特征。

【实验原理】

心肌每兴奋一次，其兴奋性就发生一次周期性的变化，心肌兴奋性的特点在于其有效不应期特别长，约相当于整个收缩期和舒张早期，因此，在心脏的收缩期和舒张早期内，任何刺激均不能引起心肌兴奋和收缩；但在舒张早期以后，一次较强的阈上刺激就可以在窦性节律性兴奋到达心肌以前，产生一次提前出现的兴奋和收缩，称为期前兴奋和期前收缩；同理，期前兴奋也有不应期，且其有效不应期也特别长，因此，下一次正常的窦性节律性兴奋到达时，正好落在期前兴奋的有效不应期内，便不能引起心肌兴奋和收缩，这样，期前收缩之后就会出现一个较长的舒张期，称为代偿间歇。

【实验对象】

牛蛙。

【实验器材和药品】

蛙类动物实验手术器械 1 套，BL-420 生物机能实验系统，刺激电极，肌张力换能器，铁支架，双凹夹，烧杯，纱布，手术丝线，滴管，任氏液。

【实验方法与步骤】

一、连接实验仪器装置

实验前首先将肌张力换能器与 BL-420 系统硬件引导面板的第一通道连接，刺激电极与 BL-420 系统硬件引导面板的刺激输出接口（旁边标注方波标识）线连接，见图 6-1（一般实验室老师已事先将实验仪器连接好，学生主要是学习了解实验仪器的连接且检查是否连接好，仪器开关是否打开）。

二、牛蛙心标本制备

（1）将实验一的牛蛙仰卧固定于蛙板上，用手术剪从剑突下将胸部皮肤向上呈 V 字形剪开（或剪掉），然后用粗剪刀从剑突下呈 V 字形剪掉胸骨，再用眼科剪小心剪开心包膜，暴露出心脏。

（2）用有连线的蛙心夹夹住心尖，有连线的一端连接到肌张力换能器上，注意保持垂直和一定的紧张度，不能太松也不能太紧（图 6-7），然后再将刺激电极与心室贴紧，如图 6-8，注意刺激电极的两根电极需平行，不可交叉接触。

图 6-7 蛙心与肌张力换能器的连接　　图 6-8 刺激电极放置的位置

三、牛蛙心室期前收缩与代偿间歇的观察

打开计算机，进入 TM_WAVE 生物信号采集与分析软件主界面，点击菜单中"实验项目"下"循环实验"，选定"期前收缩与代偿间歇"，然后开始进行实验观察并实时记录。

（1）首先描记一段正常心脏收缩曲线，观察曲线的收缩期和舒张期，作为基础对照。

（2）用系统设置好的刺激强度（按纽），分别在心室收缩期和舒张早期及心室舒张中晚期给予刺激，每次给予两个刺激，即心室收缩期和舒张早期给予一个刺激，心室舒张中晚期给予一个刺激，观察在心室收缩期和舒张早期给予刺激能否引起期前收缩，在心室舒张中晚期给予刺激能否引起期前收缩和代偿间歇，并将观察到的数据填到下面的【实验观察指标及结果】中。

（3）实验结果剪辑。实验完成后，点击红色的暂停按钮，将鼠标移动到波形显示窗口左侧与标尺调节区之间，按住鼠标左键向右侧拉动，就会打开实验回放窗口，拖动主界面下方的滚动条就可显示已做过的实验图形，选择要剪辑的图形，当选择好要剪辑的图形后，点击主界面左侧下方"图钉图标"，再将实验图形向下拉至刺激标记处，将图形与刺激标记对整齐后进行剪辑。剪辑时首先点击实验回放窗口上方菜单中的"剪刀图标"，再将鼠标移动到要剪辑图形的上方，按下左键向右向下拉黑所要剪辑的图形，然后放开左键，所剪辑的图形就自然地剪辑到了剪辑板上，此时可按左键拖动剪辑图形放置到剪辑板的上方，以免下一幅剪辑图形将其覆盖，第一幅图形剪辑完毕后，点击主界面右上侧的"门形图标"，返回到实验回放窗口，再拖动主界面下方的滚动条选择第二幅需要剪辑的图形，方法与第一幅相同，剪辑图形结果见图6-9。

【实验观察指标及结果】

实验观察指标	刺激落在收缩期和舒张早期	刺激落在舒张中晚期
期前收缩（有/无）		
代偿间隙（有/无）		

【实验观察结果图示】

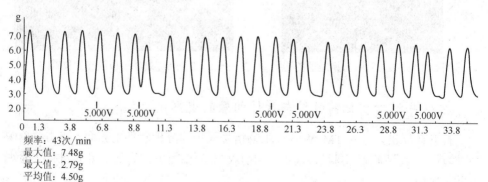

频率：43次/min
最大值：7.48g
最大值：2.79g
平均值：4.50g

图6-9　期前收缩与代偿间歇图

【实验注意事项】

（1）蛙心夹与肌张力换能器间的连线应垂直，松紧适度。

（2）刺激时两个刺激为一组，即心室收缩期和舒张早期为一个刺激，心室舒张中晚期为一个刺激，不可连续不断地给刺激。

（3）注意滴加任氏液，以保持蛙心的活性。

【实验思考题】

1. 在心脏的收缩期和舒张早期，分别给予心室阈上刺激，能否引起期前收缩，为什么？

2. 在期前收缩之后，为什么会出现代偿间歇？

3. 心肌存在不应期的实验依据是什么？

实验三　人 ABO 血型鉴定

【实验目的】

了解 ABO 血型系统的分型依据及血型鉴定方法。

【实验原理】

血型是指血细胞膜上特异性的凝集原（抗原）类型。ABO 血型系统的分型是以红细胞膜所含的凝集原种类为依据的，红细胞膜上含 A 凝集原的称为 A 型，其血清中含抗 B 凝集素（抗体）；红细胞膜上含 B 凝集原的称为 B 型，其血清中含有抗 A 凝集素；红细胞膜上含 A、B 两种凝集原的称为 AB 型，其血清中不含抗 A 凝集素和抗 B 凝集素；红细胞膜上既不含 A 凝集原，又不含 B 凝集原的称为 O 型，其血清中既含抗 A 凝集素，又含抗 B 凝集素。ABO 血型鉴定原理是根据相同的抗原能与相同的抗体结合而发生凝集反应；鉴定的方法是用已知的人标准 A 型、标准 B 型血血清抗体，测定被鉴定人红细胞膜上的未知抗原，从而确定被鉴定人的血型。

【实验对象】

人。

【实验器材和药品】

消毒采血针，人标准 A 型血血清（含抗 B 抗体）、标准 B 型血血清（含抗 A 抗体），载玻片，滴管，消毒镊子，消毒牙签，消毒干棉球，75%酒精棉球，0.9% 氯化钠溶液（生理盐水），红蜡笔。

【实验方法与步骤】

（1）取一载玻片，用红蜡笔在两角分别标上抗 A 抗体、抗 B 抗体。

（2）分别将人标准 A 型血血清（含抗 B 抗体）、标准 B 型血血清（含抗 A 抗体）各滴一滴在已做好记号的载玻片上。

（3）用 75%酒精棉球消毒左手无名指指端，用消毒采血针刺破皮肤，用消毒牙签一端采一滴血，与载玻片一侧的标准血清混匀；再用牙签的另一端采集一滴血与载玻片另一侧的标准血清混匀，然后进行观察和结果判断，见图 6-10。

【实验观察指标及结果】

实验观察指标	标准 A 型血血清（含抗 B 抗体）	标准 B 型血血清（含抗 A 抗体）
本人红细胞		
血型		
全组人员血型		

【实验观察结果图示】

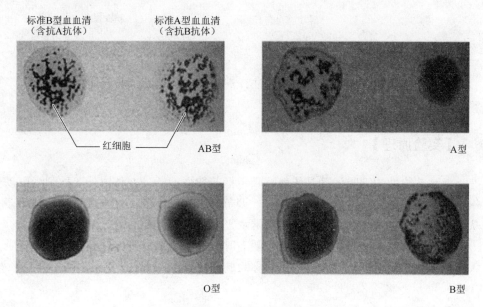

图 6-10 ABO 血型鉴定图

【实验注意事项】

（1）用牙签将血液与标准血清混匀时，谨防两种血清接触。

（2）当静置数分钟后，如无肉眼可见的红细胞凝集现象，可再静置 15min，然后观察。

（3）注意红细胞凝集与红细胞叠连的区别。轻轻晃动载玻片，若红细胞可散开表明是叠连现象；若红细胞不能散开并有凝血块或凝集颗粒，表明是凝集现象。

【实验思考题】

1. 你的血型是何种类型，可给哪些血型的人输血，是大量还是少量？为什么？

2. 你可接受哪些血型的血，是大量还是少量？为什么？

实验四　兔呼吸运动调节与胸膜腔内压的观察

【实验目的】

学习直接测定呼吸运动的实验方法，观察某些因素对兔呼吸运动的影响，了解胸膜腔内压的测定方法。

【实验原理】

正常节律性的呼吸运动是依赖呼吸中枢节律性的活动，体内外各种刺激可以作用于中枢或外周化学感受器，反射性调节呼吸的频率和深度来调节呼吸运动，从而维持血液中氧气和二氧化碳的正常水平。

平静呼吸时，胸膜腔内压力虽然随着呼气和吸气而升降，但其数值始终低于大气压力而为负值，故胸膜腔内压也称为胸内负压。

【实验对象】

家兔。

【实验器材和药品】

哺乳类动物手术器械 1 套，BL-420 生物机能实验系统，兔台，铁支架，双凹夹，肌张力换能器，气管插管，连有丝线的小钩，注射器（5ml、20ml 各 1 个），50cm 长橡皮管一条，烧杯，纱布，手术丝线，氧气袋，混合氧气，1%戊巴比妥钠，生理盐水。

【实验方法与步骤】

一、连接实验仪器装置

实验前首先将肌张力换能器与 BL-420 系统硬件引导面板的第一通道连接，刺激电极与 BL-420 系统硬件引导面板的刺激输出接口（旁边标注方波标识）线连接，见图 6-1（一般实验室老师已事先将实验仪器连接好了，同学主要是学习了解实验仪器的连接且检查是否连接好了，仪器开关是否打开）。

二、动物实验手术

（1）称重、麻醉、固定、剪兔颈部正中的毛（方法见第四章）。

（2）颈部组织分离：沿颈部正中切开皮肤，用止血钳钝性分离气管，穿丝线备用。

（3）分离迷走神经：在气管两侧用玻璃分针钝性分离出迷走神经（外侧最粗白色的为迷走神经），穿丝线备用，见图6-11。

（4）气管插管：在甲状软骨下方2～3cm处，第3～5软骨环间横向剪开气管前壁约1/3气管直径，剪口上缘向头侧剪开0.5cm，即倒T形切口，然后将Y形气管插管向气管下段插入，并用事先穿好的丝线将气管插管连同气管结扎并固定在气管插管的分叉处（图6-12），气管插管的一侧管上连接3cm长的橡皮管并夹闭，整个实验的过程中都不能打开。颈部手术完毕后用生理盐水纱布覆盖手术伤口部位。

图6-11 迷走神经示意图

图6-12 气管插管

（5）胸部手术：将连有丝线的小钩，钩在胸腹部呼吸动度最明显的部位，用丝线连接到用双凹夹固定在铁支架上的肌张力换能器上，注意保持连接肌张力换能器的丝线的垂直和紧张度，不能太松也不能太紧。

三、各因素对呼吸运动调节影响的观察

打开计算机，进入TM_WAVE生物信号采集与分析软件主界面，点击菜单中"实验项目"下"呼吸实验"，选定"呼吸运动调节"，然后开始进行实验观察并实时记录家兔呼吸运动曲线，注意观察各种因素对家兔呼吸运动的节律、频率及幅度的影响。

（1）正常呼吸运动：首先描记一段正常呼吸运动曲线作为基础对照，认清曲线与呼吸运动的节律、频率及幅度之间的关系。

（2）增加吸入气中CO_2浓度：将装有含高浓度CO_2的混合氧气袋的管口对准气管插管的一侧开口，逐渐松开螺旋夹，使高浓度CO_2气流缓慢地随吸入气进入气管，并在呼吸曲线上做好标记（将鼠标移动到主界面工具栏点击"实验标记"，选择"吸入二氧化碳"，呈蓝色时，将鼠标移动到曲线上方点击左键则可标记），

然后观察高浓度 CO_2 对呼吸运动的影响并将观察到的数据填到下面的表中。

（3）增大无效腔：将 50cm 长的橡胶管连接到气管插管的一侧管上，气管插管的另一侧管不能打开，使气道长度增长，从而使气道的无效腔增加，并在呼吸曲线上做好标记（将鼠标移动到主界面工具栏点击"实验标记"，选择"增大无效腔"，呈蓝色时，将鼠标移动到曲线上方点击左键则可标记），然后观察呼吸运动的改变并将观察到的数据填到【实验观察指标及结果】中。

（4）窒息：操作者用手堵塞气管插管两侧管口 1~2min，造成短暂的窒息状态，并在呼吸曲线上做好标记（将鼠标移动到主界面工具栏点击"实验标记"，选择"窒息"，呈蓝色时，将鼠标移动到曲线上方点击左键则可标记），然后观察窒息对呼吸运动的影响并将观察到的数据填到【实验观察指标及结果】中。

（5）剪断迷走神经：描记一段正常的呼吸曲线后，先剪断一侧迷走神经，并在呼吸曲线上做好标记（将鼠标移动到主界面工具栏点击"实验标记"，选择"剪断一侧迷走神经"，呈蓝色时，将鼠标移动到曲线上方点击左键则可标记），然后观察兔呼吸运动的频率和深度的变化；最后再剪断另一侧迷走神经，并在呼吸曲线上做好标记（将鼠标移动到主界面工具栏点击"实验标记"，选择"剪断另一侧迷走神经"，呈蓝色时，将鼠标移动到曲线上方点击左键则可标记），然后进一步观察呼吸运动的节律、频率及幅度的变化并将观察到的数据填到【实验观察指标及结果】中。

四、实验结果剪辑

当以上几项实验全部完成后，点击红色的暂停按钮进行剪辑。先将鼠标移动到波形显示窗口左侧与标尺调节区之间，按住鼠标左键向右侧拉动，就会打开实验回放窗口，拖动主界面下方的滚动条就可显示已做过的实验图形，选择要剪辑的图形，当选择好要剪辑的图形后，点击实验回放窗口上方菜单中的"剪刀图标"，再将鼠标移动到要剪辑图形的上方，按下左键向右向下拉黑所要剪辑的图形，然后放开左键，所剪辑的图形就自然地剪辑到了剪辑板上，此时可按左键拖动剪辑图形放置到剪辑板的上方，以免下一幅剪辑图形将其覆盖，第一幅图形剪辑完毕后，点击主界面右上侧的"门形图标"，返回到实验回放窗口，再拖动主界面下方的滚动条选择第二幅需要剪辑的图形，方法与第一幅相同，剪辑图形结果见图 6-13。

五、胸膜腔内压（示教）

将粗的穿刺针头（如腰椎穿刺针）尾端的塑料套管连接到压力换能器（套管内不充灌生理盐水），在兔右胸腋前线第 4、第 5 肋骨之间，沿肋骨上缘顺肋骨方向斜插入胸膜腔，此时可记录到曲线向零线下移位并随呼吸运动升高和降低，说明已插入胸膜腔内，注意观察胸膜腔内压的变化，将观察到的数据填到【实验观察指标及结果】中。观察过程中应防止针头移位或滑出。

【实验观察指标及结果】

实验观察指标	呼吸节律	呼吸频率	呼吸幅度	呼吸停止	胸膜腔内压
正常呼吸					
增加 CO_2 浓度					
增大无效腔					
窒息					
剪断一侧迷走神经					
剪断两侧迷走神经					

【实验观察结果图示】

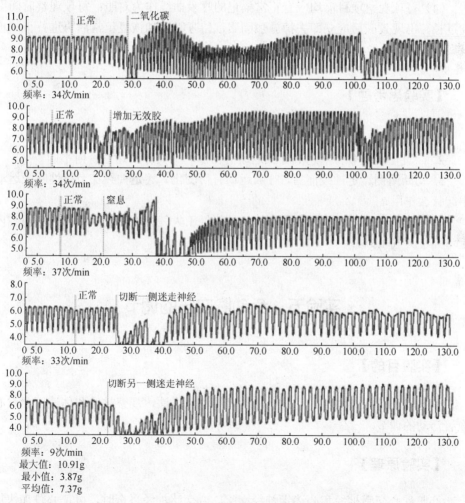

图 6-13　兔呼吸运动调节实验结果图

【实验注意事项】

（1）气管插管时，应注意止血，并将气管分泌物清理干净。气管插管的一侧管上的夹子在呼吸运动实验过程中始终不能松开、变动，以便比较实验前、后呼吸运动曲线的幅度变化。

（2）连接肌张力换能器的丝线松紧度、垂直度与呼吸曲线的走速、幅度有密切关系，因此调整呼吸曲线的走速与幅度主要调节肌张力换能器的丝线松紧度和垂直度。

（3）每给一个刺激因素，都要在呼吸曲线上做好标记。

（4）每项观察项目前均应有正常描记的呼吸曲线作为对照；每项观察时间不宜过长，出现效应后应立即去掉施加因素，待呼吸运动恢复正常后再进行下一项观察。

【实验思考题】

1. 平静呼吸时，如何确定呼吸运动曲线与吸气和呼气运动的对应关系？

2. 二氧化碳增多、窒息对呼吸运动有何影响？其作用途径有何不同？

3. 切断两侧迷走神经前后，呼吸运动有何变化？迷走神经在节律性呼吸运动中起什么作用？

4. 在平静呼吸时，胸膜腔内压为何始终低于大气压？在什么情况下胸膜腔内压可高于大气压？

实验五　兔动脉血压的调节

【实验目的】

学习哺乳动物（家兔）动脉血压的直接测量方法，观察神经和体液因素对心血管活动的调节。

【实验原理】

心脏受心交感神经和心迷走神经支配。心交感神经兴奋时，可使心跳加快加强，传导加速，从而使心输出量增加；心迷走神经兴奋时，可使心率减慢，心房收缩力减弱，房室传导减慢，从而使心输出量减少。支配血管的自主神经绝大多数属于交感缩血管神经，兴奋时使血管收缩，阻力血管收缩可使外周阻力增加，容量血管收缩，可促进静脉回流，心输出量增加。心血管中枢通过反射作用，调节心血管的活动，改变心输出量和外周阻力，从而调节动脉血压。

心血管活动除受神经调节外，还受体液因素的调节，其中最重要的是肾上腺素和去甲肾上腺素，它们对心血管的作用既有共性，又有特殊性。肾上腺素对 α 受体与 β 受体均有激活作用，使心跳加快，收缩力加强，传导加快，心输出量增加，它对血管的作用取决于两种受体中哪一种占优势；去甲肾上腺素主要激活 α 受体，对 β 受体作用很小，因而使外周阻力增加，动脉血压增加，其对心脏的作用远较肾上腺素为弱，静脉内注入去甲肾上腺素时，血压升高，可反射性地引起心动过缓。本实验通过动脉血压的变化来反映心血管活动的变化。

【实验对象】

家兔。

【实验器材和药品】

哺乳动物手术器械 1 套，BL-420 生物机能实验系统，兔台，压力换能器，刺激电极，铁支架，双凹夹，动脉插管，动脉夹，三通开关，放血插管，注射器（1ml、5ml、20ml 各 1 个），手术丝线，纱布，棉花，烧杯，1%戊巴比妥钠，1000U/ml 肝素生理盐水，1∶10 000 去甲肾上腺素溶液，生理盐水。

【实验方法与步骤】

一、连接实验仪器装置

（1）将压力换能器固定在铁支架上，换能器的位置大致与兔心脏在同一水平。压力换能器的输入信号插头与 BL-420 系统硬件引导面板的第一通道连接，刺激电极与 BL-420 系统硬件引导面板的刺激输出接口（旁边标注方波标识）线连接。见图 6-1（一般实验室老师已事先将实验仪器连接好，学生主要是学习了解实验仪器的连接且检查是否连接好，仪器开关是否打开）。

（2）将动脉导管经三通开关与压力换能器正中的一个输入接口相接，压力换能器侧管上的输入接口与另一三通开关连接，用注射器通过三通开关向压力换能器及动脉导管内注满肝素生理盐水,排尽气泡,然后关闭三通开关备用,见图 6-14。

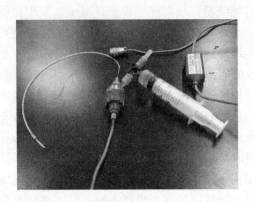

图 6-14 动脉导管与三通管连接图

二、动物实验手术

(1)称重、麻醉、固定(具体操作见第四章),用止血钳把家兔的舌头夹住拖出来,以保持呼吸通畅。

(2)分离颈总动脉:沿颈中线从甲状软骨处向下至靠近胸骨上缘做一 5~7cm切口切开皮肤,用止血钳顺颈中线的肌肉和筋膜间隙钝性分离暴露出气管,于气管两侧的任一侧将气管上方的皮肤及肌肉拉开,用拇指将切开的皮肤提起向外翻,另四指在皮肤外面向上顶,即可见与气管平行的颈总动脉鞘,鞘内包含颈总动脉、迷走神经、交感神经、减压神经,其中颈总动脉位于最里面靠上,三根神经位于靠外下后方,从外往内依次为迷走神经(最粗)、交感神经(粗度次之)、减压神经(最细),且减压神经常与交感神经紧贴在一起(图 6-15)。

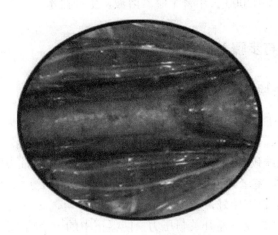

图 6-15 颈总动脉和神经位置图

用玻璃分针小心顺血管神经上下移动剥开鞘膜，分别在气管的两侧分离出颈总动脉 3cm 左右（注意颈动脉靠上有甲状腺动脉分支，切勿弄破动脉分支，以防大出血引起动物死亡），在其下面穿两条线备用。

（3）分离右侧迷走神经：在气管的右侧，再分离出迷走神经 2cm，并穿两条生理盐水润湿的丝线备用。注意在分离时不要过度牵拉，并随时用生理盐水湿润。

（4）左侧颈动脉插管：首先将在左侧颈总动脉靠近头端的一条线打死结，扎闭颈总动脉，在近心端的一条线的外侧夹一动脉夹，阻断血流（动脉夹尽量靠近心脏侧夹闭颈总动脉，两者之间相距 2～3cm，以备插管），见图 6-16，然后在两线中间，用手指垫在颈总动脉的下方固定好，再用眼科剪在靠近头端结扎线朝心脏方向剪一 V 形切口，注意勿剪断颈总动脉，看准切口将动脉插管向心脏方向插入，用近心端的线连同动脉插管结扎固定，并将结扎线缠绕在动脉插管的胶布处进一步固定，以防插管滑脱，确定结扎好后，小心松开动脉夹。

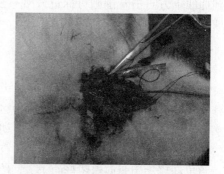

图 6-16　颈动脉插管

三、观察各因素对动脉血压的影响

打开计算机，进入 TM_WAVE 生物信号采集与分析软件主界面，点击菜单中"实验项目"下"循环实验"，选定"动脉血压调节"，然后开始进行实验观察并实时记录以下项目。

（1）观察正常血压曲线：辨认血压波的一级波和二级波，有时可见三级波。

动脉血压一级波：即由心室收缩与舒张引起的血压波动，与心搏的节律和频率一致。

动脉血压二级波：即由呼吸所引起的血压波动，其波动与呼吸的周期一致。

动脉血压三级波：可能与血管运动中枢紧张性活动的周期性改变有关（有时并无明显变化）。

（2）夹闭一侧颈总动脉：用动脉夹夹闭右侧颈总动脉 15s，并在血压曲线上做好标记（将鼠标移动到主界面工具栏点击"实验标记"，选择"夹闭一侧颈总动脉"，呈蓝色时，将鼠标移动到曲线上方点击左键则可标记），观察血压及心率的变化并将观察到的数据填到下面的表中。

（3）电刺激迷走神经：结扎并剪断右侧迷走神经，电刺激其外周端，并在血压曲线上做好标记（将鼠标移动到主界面工具栏点击"实验标记"，选择"电刺激迷走神经"，呈蓝色时，将鼠标移动到曲线上方点击左键则可标记），观察血压的变化及心率的变化并将观察到的数据填到【实验观察指标及结果】中。

（4）静脉注射去甲肾上腺素：由耳缘静脉注入 1∶10 000 去甲肾上腺素 0.3ml，并在血压曲线上做好标记（将鼠标移动到主界面工具栏点击"实验标记"，选择"注射去甲肾上腺素"，呈蓝色时，将鼠标移动到曲线上方点击左键则可标记），观察血压的变化及心率的变化并将观察到的数据填到【实验观察指标及结果】中。

（5）放血：从右侧颈总动脉放血 20～50ml，并在血压曲线上做好标记（将鼠标移动到主界面工具栏点击"实验标记"，选择"放血"，呈蓝色时，将鼠标移动到曲线上方点击左键则可标记），观察血压的变化及心率的变化并将观察到的数据填到【实验观察指标及结果】中。

四、实验结果剪辑

当以上几项实验全部完成后，点击红色的暂停按钮进行剪辑。剪辑时先将鼠标移动到波形显示窗口左侧与标尺调节区之间，按住鼠标左键向右侧拉动，就会打开实验回放窗口，拖动主界面下方的滚动条就可显示已做过的实验图形，选择要剪辑的图形，当选择好要剪辑的图形后，点击实验回放窗口上方菜单中的"剪刀图标"，再将鼠标移动到要剪辑图形的上方，按下左键向右向下拉黑所要剪辑的图形，然后放开左键，所剪辑的图形就自然地剪辑到了剪辑板上，此时可按左键拖动剪辑图形放置到剪辑板的上方，以免下一幅剪辑图形将其覆盖，第一幅图形剪辑完毕后，点击主界面右上侧的"门形图标"，返回到实验回放窗口，再拖动主界面下方的滚动条选择第二幅需要剪辑的图形，方法与第一幅相同，剪辑图形结果见图 6-17。

【实验观察指标及结果】

实验观察指标	动脉血压变化	心率
正常动脉血压		
夹闭一侧颈总动脉		
刺激迷走神经外周端		
耳缘静脉注入去甲肾上腺素溶液		
放血		

【实验观察结果图示】

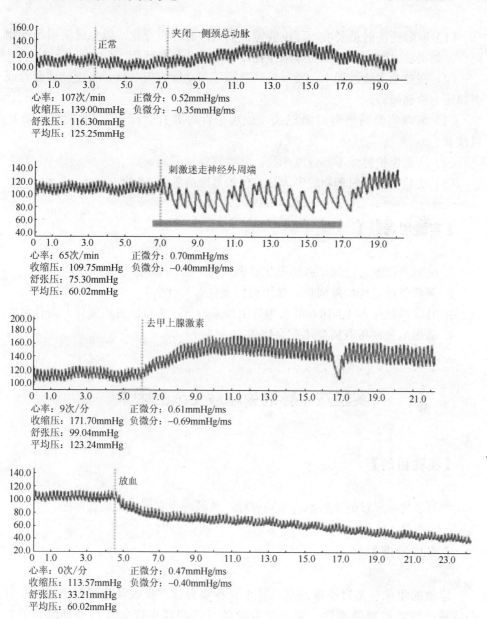

心率：107次/min　　　正微分：0.52mmHg/ms
收缩压：139.00mmHg　　负微分：−0.35mmHg/ms
舒张压：116.30mmHg
平均压：125.25mmHg

心率：65次/min　　　　正微分：0.70mmHg/ms
收缩压：109.75mmHg　　负微分：−0.40mmHg/ms
舒张压：75.30mmHg
平均压：60.02mmHg

心率：9次/分　　　　　正微分：0.61mmHg/ms
收缩压：171.70mmHg　　负微分：−0.69mmHg/ms
舒张压：99.04mmHg
平均压：123.24mmHg

心率：0次/分　　　　　正微分：0.47mmHg/ms
收缩压：113.57mmHg　　负微分：−0.40mmHg/ms
舒张压：33.21mmHg
平均压：60.02mmHg

图 6-17　兔动脉血压调节实验结果

【实验注意事项】

（1）麻醉药注射量要准，速度要慢，同时注意呼吸变化，以免过量引起动物死亡。如实验时间过长，动物苏醒挣扎，可适量补充麻醉药。

（2）在整个实验过程中，要保持动脉插管与动脉方向一致，防止刺破血管或引起压力传递障碍。

（3）每项实验前要有对照记录，施加条件时要有"标记"，实验完毕后加以注释。

（4）注意保护神经不要过度牵拉，并经常保持湿润。

（5）实验中，注射药物较多，注意保护耳缘静脉。

【实验思考题】

1. 夹闭一侧颈总动脉，血压发生什么变化？机制如何？
2. 刺激兔迷走神经外周端，血压有何变化？为什么？
3. 耳缘静脉注入 $1:10\ 000$ 去甲肾上腺素溶液，兔血压有何变化？为什么？
4. 放血后兔血压有何变化？为什么？

实验六　影响兔尿液生成的因素

【实验目的】

学习家兔输尿管插管技术，观察神经、体液因素对尿液生成的影响。

【实验原理】

尿液的生成包括肾小球滤过、肾小管和集合管重吸收及分泌三个过程。肾小球滤过受滤过膜通透性、肾小球有效滤过压和肾小球血浆流量等因素的影响；肾小管和集合管重吸收受小管液的溶质浓度和血液中抗利尿激素及肾素-血管紧张素-醛固酮系统等因素的影响。凡能影响上述各种因素者，均可影响尿液的生成。

【实验对象】

家兔。

【实验器材和药品】

哺乳类动物手术器械 1 套，BL-420 生物机能实验系统，兔台，铁支架，双凹夹，刺激电极，输尿管导管（或细塑料管），注射器（1ml、2ml、20ml 各 1 个），头皮针头，玻璃分针，烧杯，纱布，手术丝线，棉带，尿糖试纸，1%戊巴比妥钠，生理盐水，20%葡萄糖溶液，0.1%肝素，1∶10 000 去甲肾上腺素溶液，速尿（呋塞米），垂体后叶素。

【实验方法与步骤】

一、连接实验仪器装置

将刺激电极固定在铁支架上并与 BL-420 系统硬件引导面板的刺激输出接口（旁边标注方波标识）线连接，见图 6-1（一般实验室老师已事先将实验仪器连接好，学生主要是学习了解实验仪器的连接且检查是否连接好，仪器开关是否打开）。

二、动物实验手术

（1）称重、麻醉、固定、剪毛（见第四章内容），用止血钳把家兔的舌头夹住拖出来，以保持呼吸通畅。

（2）颈部手术：分离两侧颈部迷走神经，穿线备用（参见实验五）。

（3）输尿管插管：动物麻醉后仰卧固定于手术台上，下腹部剪毛，自耻骨联合上缘约 0.5cm 处沿正中线向上做 4～5cm 的皮肤切口，用止血钳提起腹白线两侧的腹壁肌肉，再用手术剪沿腹白线剪开腹壁和腹膜（切勿损伤腹腔脏器），找到膀胱，将膀胱慢慢向下翻出切口外（勿使小肠外露，以免血压下降），暴露膀胱三角，在膀胱底部两侧找到两条透明、光滑的小管，即输尿管，并从周围组织中小心分离一小段输尿管，用丝线将输尿管近膀胱端结扎，然后在结扎上方的管壁处斜剪一小切口，把充满生理盐水的细塑料管向肾脏方向插入输尿管内，用丝线结扎、固定。再以同样方法插好另一侧输尿管。两侧的细塑料插管可用 Y 形管连起来。此时，可看到尿液从细塑料管中慢慢逐滴流出（图 6-18）。手术完毕后，将膀胱与脏器送回腹腔，用温生理盐水纱布覆盖在腹部创口，以保持腹腔内温度。

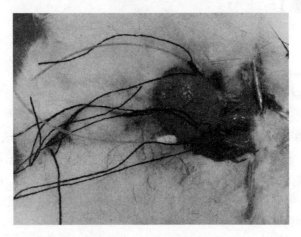

图 6-18　兔输尿管插管

三、观察各因素对尿液生成的影响

打开计算机，进入 BL-410 生物机能实验系统软件主界面，点击菜单中实验项目下"泌尿实验"，选定"影响尿生成的因素"，然后开始进行实验观察并实时记录以下项目。

（1）记录家兔尿量（滴/min）变化，作为基础对照。

（2）注射生理盐水：从兔耳缘静脉快速注射 37℃生理盐水 20～50ml（1min 内注射完毕），观察尿量的变化并将观察到的数据填到【实验观察指标及结果】中。

（3）注射去甲肾上腺素：从兔耳缘静脉注射 1∶10 000 去甲肾上腺素溶液 0.3ml，观察尿量变化并将观察到的数据填到【实验观察指标及结果】中。

（4）注射 20%葡萄糖溶液：首先进行尿糖检测，取一条尿糖试纸，用其粉红色测试区蘸取一滴刚刚流出的新鲜尿液，观察其变化，若粉红色测试区颜色不变，则为尿糖阴性（-），观察和记录尿量并将观察到的数据填到下面的表中；然后经家兔耳缘静脉注射 20%葡萄糖溶液 5ml，观察和记录尿量变化，当尿量明显增多时，再次进行尿糖检测，这时若粉红色测试区转为暗红色或黑色，则表示尿糖实验阳性，观察和记录尿量变化，将观察到的数据填到【实验观察指标及结果】中。

（5）刺激迷走神经：剪断右侧颈部迷走神经，刺激其近心端，观察、记录尿量变化，将观察到的数据填到【实验观察指标及结果】中。

（6）注射速尿（呋塞米）：经家兔耳缘静脉注射 1%速尿（0.5ml/kg），5min 后观察、记录尿量变化，将观察到的数据填到【实验观察指标及结果】中。

（7）注射垂体后叶素：经家兔耳缘静脉注射垂体后叶素 2～5U，观察、记录尿量变化，将观察到的数据填到【实验观察指标及结果】中。

【实验观察指标及结果】

实验观察指标	实验前尿量/（滴/min）	实验后尿量/（滴/min）
正常尿量		
注射生理盐水		
注射 1∶10 000 去甲肾上腺素		
注射 20%葡萄糖	尿糖	尿糖
	尿量	尿量
刺激迷走神经		
注射速尿（呋塞米）		
注射垂体后叶素		

【实验注意事项】

（1）为保证动物在实验时有充足的尿液排出，实验前给兔多喂青菜或水，以增加其基础尿量。

（2）手术操作要轻柔，腹部切口不宜过大，不要过度牵拉输尿管，以免因输尿管挛缩而不能导出尿液。剪腹膜时，注意勿伤及内脏。

（3）输尿管插管时，应仔细辨认输尿管，要将插管插入输尿管管腔内，注意不要插入管壁与周围结缔组织间，也不要扭曲输尿管，否则可能会妨碍尿液排出。

（4）本实验需多次进行兔耳缘静脉注射，故需注意保护耳缘静脉，开始注射时应尽量从耳尖部位开始，再逐步向耳根移行，以免造成后期注射困难。必要时也可用静脉留置针，或在股静脉插管进行输液和注射药品。

（5）每项实验前均应有对照数据和记录，原则上是前一项效应基本消失，尿量和血压基本恢复到正常水平后再进行下一项实验。

【实验思考题】

1. 本实验中哪些因素是通过影响肾小球滤过作用而影响尿量的？哪些因素是通过影响肾小管和集合管的重吸收作用而影响尿量的？

2. 注射 20%葡萄糖前后为什么要做尿糖定性实验？尿糖和尿量之间有何关系？

实验七　生理学基本技能综合实验

【实验目的】

在整体水平观察呼吸、循环、泌尿系统功能变化的相互影响，加强对生理学基本技能的训练。

【实验原理】

在中枢神经系统调节下，动物各系统的功能变化相互影响，相互制约，共同维持机体内环境平衡。

【实验对象】

家兔。

【实验器材和药品】

哺乳动物手术器械 1 套，BL-420 生物机能实验系统，兔台，压力换能器，肌张力换能器，刺激电极，铁支架，双凹夹，动脉插管，气管插管，输尿管插管，动脉夹，三通开关，注射器（1ml、2ml、20ml 各 1 个），头皮针头，玻璃分针，烧杯，纱布，手术丝线，棉带，1%戊巴比妥钠，0.5%肝素钠生理盐水，1∶10 000 去甲肾上腺素。

【实验方法与步骤】

一、连接实验仪器装置

（1）将压力换能器固定在铁支架上，压力换能器的位置大致与兔心脏在同一水平，压力换能器的输入信号插头与 BL-420 系统硬件引导面板的第一通道连接。

（2）将肌张力换能器固定在铁支架上，肌张力换能器的输入信号插头与 BL-420 系统硬件引导面板的第二通道连接。

（3）将记滴棒固定在铁支架上，记滴棒的输入信号插头与 BL-420 系统硬件引导面板的第三通道连接。

（4）将刺激电极固定在铁支架上并与 BL-420 系统硬件引导面板的刺激输出

接口（旁边标注方波标识）线连接，见图6-1。

二、动物实验手术

（1）称重、麻醉、固定（具体操作见第四章）。

（2）分离气管、颈总动脉和神经：沿颈中线从甲状软骨处向下至靠近胸骨上缘做一 5～7cm 切口切开皮肤，用止血钳顺颈中线的肌肉和筋膜间隙钝性分离暴露出气管，穿线备用；于气管两侧的任一侧将气管上方的皮肤及肌肉拉开，用拇指将切开的皮肤提起向外翻，另四指在皮肤外面向上顶，即可见与气管平行的颈总动脉鞘，鞘内包含颈总动脉、迷走神经、交感神经、减压神经，其中颈总动脉位于最里面靠上，三根神经靠外下后方，从外往内依次为迷走神经（最粗）、交感神经（粗度次之）、减压神经（最细），且减压神经常与交感神经紧贴在一起（一般先分离减压神经）。用玻璃钩小心顺血管神经上下移动剥开鞘膜，在气管的左侧仅分离出颈总动脉 3cm 左右（注意颈动脉靠上有甲状腺动脉分支，切勿弄破动脉分支，以防大出血引起动物死亡），在其下面穿两条线备用，在气管的右侧，先分离出颈总动脉 3cm 左右，然后分离出迷走神经 2cm，并各穿两条生理盐水润湿的丝线备用。分离时特别注意不要过度牵拉，并随时用生理盐水湿润。

（3）气管插管：在甲状软骨下方 2～3cm 处第 3～5 软骨环间横向剪开气管前壁约 1/3 气管直径，剪口上缘向头侧剪开 0.5cm，即倒 T 形切口，然后将 Y 形气管插管向气管下段插入，并用事先穿好的丝线将气管插管连同气管结扎并固定在气管插管的分叉处（图6-12），气管插管的一侧管上连接 3cm 长的橡皮管并夹闭，整个实验的过程中都不能打开。颈部手术完毕后用生理盐水纱布覆盖手术伤口部位。

（4）左侧颈动脉插管：首先将在左侧颈总动脉靠近头端的一条线打死结扎闭颈总动脉，在近心端的一条线的外侧夹一动脉夹，阻断血流（动脉夹尽量靠近心脏侧夹闭颈总动脉，两者之间相距 2～3cm，以备插管），然后用手指垫在颈总动脉的下方固定好，再用眼科剪在靠近头端结扎线朝心脏方向剪一 V 形切口（图6-16），注意勿剪断颈总动脉，看准切口将动脉插管向心脏方向插入，用备用的线连同动脉插管结扎固定，并用结扎线缠绕在动脉插管的胶布处进一步固定，以防插管滑脱，确定结扎好后，小心松开动脉夹。

（5）输尿管插管：动物麻醉后仰卧固定于手术台上，下腹部剪毛，自耻骨联合上缘约 0.5cm 处沿正中线向上做 4～5cm 的皮肤切口，用止血钳提起腹白线两侧的腹壁肌肉，再用手术剪沿腹白线剪开腹壁和腹膜（切勿损伤腹腔脏器），找到膀胱，将膀胱慢慢向下翻出切口外（勿使小肠外露，以免血压下降），暴露膀胱三角，在膀胱底部两侧找到两条透明、光滑的小管，即输尿管，并从周围组织中小心分离一小段输尿管。用丝线将输尿管近膀胱端结扎，然后在结扎上方的管壁处斜剪一小切口，把充满生理盐水的细塑料管向肾脏方向插入输尿管内，用丝线结扎、固定。再以同样方法插好另一侧输尿管。两侧的细塑料插管可用 Y 形管连起来。此时，可看到尿液从细塑料管中慢慢逐滴流出。手术完毕后，将膀胱与脏器送回腹腔，用温生理盐水纱布覆盖在腹部创口，以保持腹腔内温度。腹部剪毛，自耻骨联合上缘沿正中线向上做一长约 5cm 的皮肤切口，再沿腹白线剪开腹壁和腹膜（勿损伤腹腔脏器），找到膀胱，将膀胱慢慢向下翻转，移出体外至腹壁上。暴露膀胱三角，在膀胱底部找出两侧输尿管。

三、观察各因素对血压、呼吸及尿量的影响

打开计算机，启动 BL-420 生物机能实验系统，点击菜单中的"实验项目"。实验观察并实时记录以下项目。

（1）从兔耳缘静脉注射 1∶10 000 去甲肾上腺素溶液 0.3ml，观察血压、呼吸及尿量变化，并将观察到的数据填到【实验观察指标及结果】中。

（2）刺激迷走神经，剪断右侧颈部迷走神经，以刺激其近心端，观察血压、呼吸及尿量变化，并将观察到的数据填到【实验观察指标及结果】中。

四、实验结果剪辑

当以上几项实验全部完成后，点击红色的暂停按钮进行剪辑。剪辑时先将鼠标移动到波形显示窗口左侧与标尺调节区之间，按住鼠标左键向右侧拉动，就会打开实验回放窗口，拖动主界面下方的滚动条就可显示已做过的实验图形，选择要剪辑的图形，当选择好要剪辑的图形后，点击实验回放窗口上方菜单中的"剪刀图标"，再将鼠标移动到要剪辑图形的上方，按下左键向右向下拉黑所要剪辑的图形，然后放开左键，所剪辑的图形就自然地剪辑到了剪辑板上，此时可按左键拖动剪辑图形放置到剪辑板的上方，以免下一幅剪辑图形将其覆盖，第一幅图形剪辑完毕后，点击主界面右上侧的"门形图标"，返回到实验回放窗口，再拖动主界面下方的滚动条选择第二幅需要剪辑的图形，方法与第一幅相同。

【实验观察指标及结果】

实验观察指标	实验前			实验后		
	血压/mmHg	呼吸/（次/min）	尿量/（滴/min）	血压/mmHg	呼吸/（次/min）	尿量/（滴/min）
注射去甲肾上腺素						
刺激迷走神经						

【实验注意事项】

（1）由于要在兔子身上做多个实验，因此要求实验前家兔很好地喂养家兔，这是保证实验成功的关键。

（2）剪开气管进行插管时，要注意止血及气管内清理。

（3）整个实验手术过程注意动作必须要轻巧，避免损伤神经和颈总动脉。

（4）避免过度牵拉输尿管，以避免输尿管痉挛。

【实验思考题】

1. 从兔耳缘静脉注射 1∶10 000 去甲肾上腺素溶液 0.3ml，兔血压、呼吸及尿量有何变化？为什么？

2. 刺激迷走神经近心端，兔血压、呼吸及尿量有何变化？为什么？

第七章 生理学实验练习题

第一节 细胞生理实验题

一、单项选择题

1. 记录全细胞电流时，将细胞内的电位突然由静息水平去极化至 0mV 的直流电刺激可以引起（ ）
  A. 内向电流   B. 外向电流
  C. 两者均可   D. 两者均不可

2. 浸浴液中加入河豚毒后，将神经纤维的膜电位突然由静息电位水平上升并固定于 0mV 的刺激可以引起（ ）
  A. 内向电流   B. 外向电流
  C. 两者均可   D. 两者均不可

3. 浸浴液中加入四乙铵后，将神经纤维的膜电位突然钳制到 0mV 的刺激可以引起（ ）
  A. 内向电流   B. 外向电流
  C. 两者均可   D. 两者均不可

4. 增加细胞外液的 K^+ 浓度后，静息电位将（ ）
  A. 增大   B. 减小
  C. 先增大后减小   D. 先减小后增大

5. 增加离体神经纤维浸浴液中 Na^+ 浓度，则单根神经纤维动作电位的超射值将（ ）
  A. 增大   B. 减小
  C. 先增大后减小   D. 先减小后增大

6. 神经细胞内静息电位水平突然上升并固定到 0mV 水平时（ ）
  A. 出现内向电流，而后逐渐变为外向电流
  B. 出现外向电流，而后逐渐变为内向电流
  C. 出现内向电流

D. 出现外向电流

7. 兴奋细胞电压钳实验所记录的是（　　）

    A. 子电流的镜像电流
        B. 膜电位

    C. 动作电位
        D. 局部电位

8. 采用细胞外电极记录完整神经干的电活动时，可记录到（　　）

    A. 静息电位
        B. 峰电位

    C. 单相动作电位
        D. 双相动作电位

9. 实验中，如果同时刺激神经纤维的两端，产生的两个动作电位（　　）

    A. 将各自通过中点后传导到另一端

    B. 将在中点相遇，然后传回到起始点

    C. 将在中点相遇后停止传导

    D. 只有较强的动作电位通过中点而到达另一端

10. 在对体外枪乌贼巨大轴突进行实验时，改变标本浸浴液中的哪一项因素不会对静息电位的大小产生影响（　　）

    A. Na^+浓度
    B. K^+浓度
    C. 温度
    D. 缺氧

11. 关于有髓神经纤维跳跃传导的叙述，错误的是（　　）

    A. 以相邻郎飞结间形成局部电流进行传导

    B. 传导速度比无髓纤维快得多

    C. 离子跨膜移动总数多，耗能多

    D. 不衰减扩布

12. 就单根神经纤维而言，与阈强度相比刺激强度增加一倍时，动作电位的幅度（　　）

    A. 增加一倍
        B. 增加二倍

    C. 减小一半
        D. 保持不变

13. K^+通道和Na^+通道阻断剂分别是（　　）

    A. 箭毒和阿托品
        B. 阿托品和河豚毒

    C. 四乙铵和河豚毒
        D. 四乙铵和箭毒

14. 记录神经纤维动作电位时，加入选择性离子通道阻断剂河豚毒，会出现什么结果（　　）

    A. 静息电位变小
        B. 静息电位变大

    C. 去极相不出现
        D. 超射不出现

15. 有机磷农药中毒出现骨骼肌痉挛主要是由于（　　）

    A. ACh 释放减少
        B. ACh 释放增多

    C. 终板膜上的受体增多
        D. 胆碱酯酶活性降低

16. 动作电位沿单根神经纤维传导时，其幅度变化是（　　）

  A. 逐渐增大   B. 逐渐减小

  C. 先增大，后减小   D. 不变

17. 小肠上皮细胞对葡萄糖进行逆浓度差吸收时，伴有 Na^+ 顺浓度差进入细胞，称为继发性主动转运。所需的能量间接地由何者供应（ ）

  A. 线粒体   B. 钠泵   C. 钙泵   D. 高尔基体

18. 神经-骨骼肌接头处的兴奋传递物质是（ ）

  A. 5-羟色胺   B. 乙酰胆碱

  C. 去甲肾上腺素   D. 肾上腺素

19. 在强直收缩中，肌肉的动作电位（ ）

  A. 不发生叠加   B. 发生叠加

  C. 幅值变大   D. 幅值变小

20. 在前负荷不变的条件下，后负荷在何时肌肉收缩的初速度达最大值（ ）

  A. 为零   B. 过小   C. 过大   D. 无限大

二、填空题

1. 在记录神经纤维动作电位时，加入选择性离子通道阻断剂河豚毒，会出现_____。

2. 人工减小细胞浸浴液中的 Na^+ 浓度，所记录的动作电位出现_____。

3. 在神经轴突膜内外两侧实际测得的静息电位_____ K^+ 的平衡电位。

4. 增加细胞外液的 K^+ 浓度后，静息电位将_____。

5. 增加离体神经纤维浸浴液中的 Na^+ 浓度，则单根神经纤维动作电位的超射值将_____。

6. 神经细胞膜对 Na^+ 通透性增加时，静息电位将_____。

7. 假定神经细胞的静息电位为$-70mV$，Na^+ 平衡电位为$+60mV$，则 Na^+ 的电化学驱动力为_____。

8. 用相同数目的葡萄糖分子替代浸浴液中的 Na^+ 后，神经纤维动作电位的幅度将_____。

9. 神经轴突经河豚毒处理后，其生物电的改变为静息电位值_____，动作电位幅度_____。

10. 刺激作用可兴奋细胞，如神经纤维，使之细胞膜去极化达_____水平，继而出现细胞膜上_____的爆发性开放，形成动作电位的_____。

11. 人为减少可兴奋细胞外液中_____的浓度，将导致动作电位上升幅度减少。

12. 体内各种信号一般先作用于细胞膜，膜上某些_____能选择性地接受某种特定信号，引起细胞膜两侧_____或细胞内发生某些功能改变，细胞膜的这种作用称为_____。

13. 神经纤维上动作电位扩布的机制是通过_____实现的。

14. 在神经纤维上的任何一点受刺激而发生兴奋时，动作电位可沿着纤维进行_____传导，传导过程中动作电位的幅度_____。

三、问答题

1. 在人工制备的坐骨神经-腓肠肌标本上,从电刺激神经到引起肌肉收缩的整个过程中依次发生了哪些生理活动?

2. 细胞一次兴奋后，其兴奋性有何变化？机制是什么？

3. 举例说明影响神经-骨骼肌接头处信息传递的因素有哪些。

4. 试述骨骼肌的兴奋-收缩耦联过程。

【参考答案】

一、单项选择题

1. C 2. B 3. A 4. B 5. A 6. A 7. A 8. D 9. C 10. A 11. C 12. D
13. C 14. C 15. D 16. D 17. B 18. B 19. A 20. A

二、填空题

1. 去极相不出现

2. 幅度变小

3. 略小于

4. 减小

5. 增大

6. 减小

7. −130mV

8. 逐渐减小

9. 不变、减小

10. 阈电位、钠通道、去极相

11. 钠离子

12. 特异性蛋白质、电位变化、跨膜信号转导功能

13. 局部电流

14. 双向、不衰减

三、问答题

1. 在人工制备的坐骨神经-腓肠肌标本上,从电刺激神经到引起肌肉收缩的整

个过程中依次发生了哪些生理活动？

答：电刺激坐骨神经引起腓肠肌收缩的过程中，依次发生的生理活动为：①阈刺激或阈上刺激使坐骨神经发生兴奋（即产生动作电位）；②兴奋沿坐骨神经传向运动末梢（局部电流学说）；③兴奋在神经-骨骼肌接头处的传递，即突触前膜去极化引起 Ca^{2+} 内流→Ca^{2+} 内流触发神经递质 ACh 释放→ACh 经扩散与接头后膜上的 N_2 型 ACh 受体通道结合，出现以 Na^+ 内流为主的离子跨膜移动，形成去极化的终板电位→终板电位传播到周围一般肌膜，产生动作电位并传遍整个肌细胞；④骨骼肌兴奋-收缩耦联，肌细胞细胞质内 Ca^{2+} 浓度迅速增高；⑤细胞质内 Ca^{2+} 与肌钙蛋白结合，诱发肌丝滑行，肌肉收缩（依后负荷不同，表现为等长收缩或等张收缩；依刺激频率不同表现为单收缩或程度不等的强直收缩）；⑥肌质网膜上 Ca^{2+} 泵活动回收 Ca^{2+}，使细胞质内 Ca^{2+} 浓度恢复，肌肉舒张。

2. 细胞一次兴奋后，其兴奋性有何变化？机制是什么？

答：各种可兴奋细胞在接受一次刺激而出现兴奋的当时和以后的一个短时间内，兴奋性将经历一系列的有次序的变化，然后恢复正常。在神经细胞其兴奋性要经历 4 个时相的变化：①绝对不应期，兴奋性为零，任何强大刺激均不能引起兴奋，此时大多数被激活的 Na^+ 通道已进入失活状态而不再开放；②相对不应期，兴奋性较正常时低，只有用阈上刺激才可引起兴奋，此时仅部分失活的 Na^+ 通道开始恢复；③超常期，兴奋性高于正常，阈下刺激可以引起兴奋，此时大部分失活的 Na^+ 通道已经恢复，且因膜电位距阈电位较近，故较正常时容易兴奋；④低常期，兴奋性又低于正常，只有阈上刺激才可引起兴奋，此时相当于正后电位，膜电位距阈电位较远。

3. 举例说明影响神经-骨骼肌接头处信息传递的因素有哪些。

答：神经-骨骼肌接头处信息传递易受环境因素的影响。例如，Ca^{2+} 促进乙酰胆碱的释放；肉毒杆菌毒素选择性地阻止接头前膜释放乙酰胆碱；箭毒与乙酰胆碱竞争受体；有机磷农药抑制胆碱酯酶，使乙酰胆碱不能被破坏，延长乙酰胆碱的作用时间等，都会影响神经-骨骼肌接头处的信息传递。

4. 试述骨骼肌的兴奋-收缩耦联过程。

答：骨骼肌兴奋-收缩偶联的过程至少应包括以下三个主要步骤：①肌细胞膜的电兴奋通过横管系统传向肌细胞的深处。横管膜是肌细胞膜向内的延伸，也可以产生以 Na^+ 内流为基础的动作电位。当肌细胞膜因刺激而出现动作电位时，电变化可以沿横管膜一直传导至细胞内部，深入到三联体和肌小节近旁。②三联管结构处的信息传递。三联体把 T 管的电变化转变成终池释放 Ca^{2+}，当横管膜去极时，电压感受器蛋白发生构型变化，这一变化信息直接传递到终池 Ca^{2+} 通道蛋白，引起 Ca^{2+} 通道开放，Ca^{2+} 顺浓度梯度向肌质扩散，到达粗、细肌丝交错区，触发肌丝的滑行。③肌质网中的 Ca^{2+} 释放入细胞质，以及 Ca^{2+} 由细胞质向肌质网的再聚集。在 Ca^{2+} 和 Mg^{2+} 存在的情况下，钙泵可以分解 ATP 获得能量，逆浓度梯度把 Ca^{2+} 肌质运到肌质网，使肌质中的 Ca^{2+} 浓度降低，原来和肌钙蛋白结合的钙重新解离，于是肌动蛋白和肌球蛋白横桥的相互作用被抑制，肌肉舒张。

第二节　血液生理实验题

一、单选题

1. 当血液中血小板的数目在下列哪项以下时，可引起出血现象（　　）
   A. 5×10^9/L
   B. 1×10^{10}/L
   C. 2×10^{10}/L
   D. 5×10^{10}/L

2. 血液由流动的状态变成不流动的凝胶状态为（　　）
   A. 凝集
   B. 血液凝固
   C. 叠连
   D. 生理性止血

3. 血液凝固的三个基本步骤是（　　）
   A. 凝血酶原形成→凝血酶激活→纤维蛋白原生成
   B. 凝血酶原复合物形成→凝血酶原激活→凝血酶生成
   C. 凝血酶原复合物形成→凝血酶原激活→纤维蛋白生成
   D. 凝血酶原复合物形成→凝血酶激活→凝血酶原生成

4. 巨幼红细胞性贫血可能是由于缺乏（　　）
   A. 促红细胞生成素
   B. 内因子
   C. 铁
   D. 钙

5. 血管外破坏红细胞的主要场所是（　　）
   A. 肾和肝
   B. 脾和肝
   C. 胸腺
   D. 骨髓

6. 红细胞沉降率加快的主要原因是（　　）
   A. 血浆球蛋白含量增多
   B. 血浆纤维蛋白原减少
   C. 血浆白蛋白增多
   D. 胆固醇含量减少

7. 成年男性血液检查的正常参考值为（　　）
   A. RBC（4.0～5.5）$\times10^9$/L
   B. WBC（4.0～10.5）$\times10^6$/L
   C. 血小板（1～3）$\times10^8$/L
   D. 血浆相对密度 1.025～1.030

8. 血浆中最重要的缓冲对是（　　）
   A. $KHCO_3/H_2CO_3$
   B. K_2HPO_4/KH_2PO_4
   C. $NaHCO_3/H_2CO_3$
   D Na_2HPO_4/NaH_2PO_4

9. 形成血浆晶体渗透压最主要的阳离子是（　　）
   A. 钠离子
   B. 钾离子
   C. 钙离子
   D. 镁离子

10. 血浆的相对密度主要取决于（　　　）

    A. 红细胞数量   B. 白细胞数量

    C. 血小板数量   D. 血浆含水量

11. 形成血浆胶体渗透压最主要的蛋白质是（　　　）

    A. 白蛋白   B. 免疫球蛋白

    C. 非免疫球蛋白   D. 纤维蛋白原

12. 通常所说的血型是（　　　）

    A. 红细胞上受体的类型   B. 红细胞表面特异凝集素的类型

    C. 红细胞表面特异凝集原的类型   D. 血浆中特异凝集素的类型

13. 输血时主要应考虑供血者的（　　　）

    A. 红细胞不被受血者红细胞所凝集

    B. 红细胞不被受血者血浆所凝集

    C. 红细胞不发生叠连

    D. 血浆不使受血者的血浆发生凝固

14. 使血浆胶体渗透压降低的主要因素是（　　　）

    A. Na^+减少   B. 血浆白蛋白减少

    C. 血浆白蛋白增多   D. 血浆球蛋白增多

15. 某人的血细胞与 B 型血的血清凝集，而其血清与 B 型血的血细胞不凝集，此人血型是（　　　）

    A. A 型   B. B 型   C. O 型   D. AB 型

16. 已知供血者血型为 A 型，交叉配血实验中主侧凝集，次侧不凝集，受血者的血型为（　　　）

    A. A 型   B. B 型   C. AB 型   D. O 型

17. 下列关于血小板生理特性的叙述哪项不正确（　　　）

    A. 释放作用   B. 吸附作用

    C. 吞噬作用   D. 血块回缩作用

18. 内源性凝血与外源性凝血过程的区别在于下列哪个过程不同（　　　）

    A. 因子 Xa 形成的过程   B. 凝血酶形成过程

    C. 纤维蛋白形成过程   D. 纤维蛋白稳定过程

19. 血浆中重要的抗凝物质是（　　　）

    A. 凝血因子   B. 尿激酶

    C. 抗凝血酶和肝素   D. 激肽释放酶

20. 红细胞凝集原和血浆中相应凝集素结合，发生抗原抗体反应，称为红细胞（　　　）

    A. 凝集   B. 凝固   C. 叠连   D. 止血

二、填空题

1. 正常成人的全部血量占体重的_____。

2. 成年男子红细胞平均为_____；女子平均为_____，这种差异主要与_____水平有关。

3. 血红蛋白合成的主要原料是_____和_____。

4. 红细胞的脆性越小，说明红细胞对低渗盐溶液的抵抗力越_____，越不易_____。

5. 血浆渗透压是由_____和_____两部分组成。

6. 血浆蛋白中构成血浆胶体渗透压的主要成分是_____，具有免疫功能的是_____。

7. 维持细胞内与细胞外之间水平衡的渗透压是_____，主要是由_____所形成。

8. 凝血因子除Ⅳ因子为_____外，其余因子均为_____。

9. 外源性凝血过程是由_____所启动，这种因子存在于_____。

10. 延缓血液凝固的方法有_____、_____和去钙。

11. 在 ABO 血型系统中，红细胞膜上有两种不同的凝集原，即_____和_____。

12. 交叉配血的主侧是指供血者的_____与受血者的_____进行配合的实验。

三、问答题

1. 试述 ABO 血型鉴定的方法。

2. 试述血浆渗透压的构成及其生理意义。

3. 试述血液凝固的基本过程。

4. 试述外源性凝血系统和内源性凝血系统的区别。

【参考答案】

一、单选题

1. D　2. B　3. C　4. B　5. B　6. A　7. D　8. C　9. A　10. A　11. A　12. C　13. B　14. B　15. D　16. D　17. C　18. A　19. C　20. A

二、填空题

1. 7%～8%

2. （4.0～5.5）×10^{12}/L、（3.5～5.0）×10^{12}/L、雄激素

3. 铁、蛋白质

4. 大、破裂

5. 血浆晶体渗透压、血浆胶体渗透压

6. 白蛋白、球蛋白

7. 血浆晶体渗透压、NaCl

8. Ca^{2+}、蛋白质

9. 因子Ⅲ、组织

10. 降温、光滑表面

11. A 抗原、B 抗原

12. 红细胞、血清

三、问答题

1. 试述 ABO 血型鉴定的方法。

答：①取清洁玻片 1 张，用蜡笔在载玻片上标明抗 A、抗 B，分别滴加抗 A、抗 B 血清在相应的方格内，再加受检者红细胞 1 滴，混匀。②将玻片轻轻转动，使血清与细胞充分混匀，1～5min，肉眼观察有无凝集反应，也可以用低倍镜观察结果。

玻片法凝集结果判断：红细胞呈均匀分布，无凝集颗粒，镜下红细胞分散，即未发生细胞凝集。在低倍镜下凝集程度强弱判断标准：①呈一片或几片凝块，仅有少数单个游离红细胞，为"++++"。②呈数个大颗粒状凝块，有少数单个游离红细胞，为"+++"。③数个小凝集颗粒和一部分微细凝集颗粒，游离红细胞约占 1/2，为"++"。④肉眼可见无数细沙状小凝集颗粒。于镜下观察，每凝集团中有 5 个以上红细胞凝集，为"+"。⑤可见数个红细胞凝集在一起，周围有很多的游离红细胞，为"±"。⑥可见极少数红细胞凝集，而大多数红细胞仍呈分散分布，为混合凝集外观。⑦镜下未见细胞凝集，红细胞均匀分布，为"−"。

2. 试述血浆渗透压的构成及其生理意义。

答：血浆渗透压由两部分构成：①血浆晶体渗透压，由小分子的晶体物质形成，主要为电解质（NaCl）。②血浆胶体渗透压，由血浆蛋白等高分子物质形成，主要为白蛋白。血浆渗透压生理意义：由于绝大部分晶体物质不易透过细胞膜，但可自由透过毛细血管壁，因此血浆晶体渗透压对维持细胞内、外水平衡和细胞正常体积极为重要。因为血浆蛋白不易通过毛细血管壁，所以血浆胶体渗透压对调节血管内、外水平衡和维持正常的血浆容量起重要的作用。

3. 试述血液凝固的基本过程。

答：血液凝固的三个基本过程为凝血酶原复合物的形成；凝血酶原的激活；纤维蛋白的生成。

4. 试述外源性凝血系统和内源性凝血系统的区别。

分类	内源性凝血	外源性凝血
启动因子	因子XII	因子III
凝血因子分布	全在血中	组织和血中
参与的凝血因子数	多	少
凝血时间	慢，约数分钟	快，约十几秒
共同点	在生成凝血酶原酶复合物后的凝血过程完全相同，均激活凝血酶原→凝血酶，进而使纤维蛋白原→纤维蛋白多聚体，完成凝血过程	

第三节　循环生理实验题

一、单项选择题

1. 心肌动作电位与神经纤维动作电位的主要区别是（　　）
   A. 具有快速去极过程　　　　　　　B. 有较大的振幅
   C. 有较长的持续时间　　　　　　　D. 复极过程较短

2. 心室肌细胞动作电位平台期是下列哪些离子跨膜流动的综合结果（　　）
   A. Na^+内流，Cl^-外流　　　　　B. Na^+内流，K^+外流
   C. K^+内流，Ca^{2+}外流　　　　D. Ca^{2+}内流，K^+外流

3. 临床上较易发生传导阻滞的部位是（　　）
   A. 房室交界　　　B. 房室束　　　C. 左束支　　　D. 右束支

4. 属于快反应自律细胞的是（　　）
   A. 心房肌，心室肌　　　　　　　　B. 浦肯野纤维
   C. 房室交界　　　　　　　　　　　D. 窦房结

5. 心有效不应期的长短主要取决于（　　）
   A. 动作电位0期去极的速度　　　　B. 阈电位水平的高低
   C. 动作电位2期的长短　　　　　　D. 动作电位复极末期的长短

6. 心室肌细胞一次兴奋过程中，其兴奋性的变化不含哪期（　　）
   A. 有效不应期　　　　　　　　　　B. 相对不应期
   C. 超常期　　　　　　　　　　　　D. 低常期

7. 等容收缩期（　　）
   A. 房内压＞室内压＜动脉压　　　　B. 房内压＜室内压＜动脉压
   C. 房内压＞室内压＞动脉压　　　　D. 房内压＜室内压＞动脉压

8. 在以下何时给予心室一个额外刺激不引起反应（　　）
   A. 心室收缩　　　　　　　　　　　B. 心房收缩

    C. 心室舒张   D. 整个心室收缩和心室舒张

9. 房室瓣关闭见于（   ）

    A. 等容收缩期开始   B. 等容收缩期末

    C. 等容舒张期开始   D. 等容舒张期末

10. 心室肌的后负荷是指（   ）

    A. 心室舒张末期容积   B. 心室收缩末期内压

    C. 大动脉血压   D. 心房内压

11. 关于心电图，下列哪项不正确（   ）

    A. 反映心肌机械收缩过程

    B. P 波反映兴奋在心房传导过程中的电位变化

    C. QRS 波反映兴奋心室传导过程中的电位变化

    D. T 波反映心室肌复极过程中的电位变化

12. 外周阻力和心率不变而搏出量增大时，动脉血压的变化主要是（   ）

    A. 收缩压升高   B. 舒张压升高

    C. 收缩压和舒张压等量升高   D. 收缩压升高，舒张压降低

13. 大动脉管壁硬化时引起（   ）

    A. 收缩压降低   B. 舒张压升高

    C. 脉搏压增大   D. 脉搏压减小

14. 影响外周阻力的最主要因素是（   ）

    A. 血液黏滞度   B. 血管长度

    C. 小动脉口径   D. 小静脉口径

15. 血浆蛋白减少时引起组织水肿的原因是（   ）

    A. 淋巴回流减少   B. 毛细血管壁通透性增加

    C. 抗利尿激素分泌增加   D. 有效滤过压增大

16. 微循环中具有营养功能的通路是（   ）

    A. 直捷通路   B. 动-静脉短路

    C. 迂回通路   D. 淋巴回路

17. 心迷走神经末梢释放的递质是（   ）

    A. 组胺   B. 去甲肾上腺素

    C. 乙酰胆碱   D. 5-羟色胺

18. 静脉注射去甲肾上腺素（   ）

    A. 心率加快，血压升高   B. 心率加快，血压降低

    C. 心率减慢，血压升高   D. 心率减慢，血压降低

19. 用于分析比较不同身材个体心脏功能的较好指标是（   ）

    A. 每分输出量   B. 心指数

    C. 射血分数   D. 心脏做功量

20. 快反应细胞与慢反应细胞的区别是（   ）

    A. 0 期去极的快慢   B. 1 期复极的快慢

    C. 2 期复极的快慢   D. 3 期复极的快慢

21. 兴奋在心室内传导组织传导速度快的意义是（   ）

    A. 使心室肌不产生强直收缩   B. 有利于心室肌几乎同步收缩

    C. 使心室肌有效不应期缩短   D. 使心房、心室不发生同时收缩

22. 在血管系统中，主要起着弹性贮器作用的血管是（   ）

    A. 大动脉   B. 小动脉

    C. 毛细血管   D. 大静脉

23. 切断家兔颈部交感神经，耳朵的变化是（   ）

    A. 变白、温度下降   B. 变红、温度升高

    C. 变红、温度下降   D. 变白、温度升高

24. 心肌不会产生强直收缩，其原因是（   ）

    A. 心脏是机能上的合胞体

    B. 心肌肌质网不发达，Ca^{2+}储存少

    C. 心肌有自律性，会自动节律收缩

    D. 心肌的有效不应期特别长

25. 正常成人安静时，心输出量约为（   ）

    A. 5L/min   B. 8L/min   C. 10L/min   D. 15L/min

26. 动脉血压形成的前提条件是（   ）

    A. 心脏射血   B. 外周阻力

    C. 充足的循环血量   D. 大动脉弹性

27. 对动脉血压起缓冲作用的因素是（   ）

    A. 搏出量   B. 心率

    C. 大动脉弹性   D. 外周阻力

28. 中心静脉压的正常值是（   ）

    A. 4～12mmHg   B. 4～12mmH$_2$O

    C. 4～12mmHg   D. 4～12cmH$_2$O

29. 实验中，刺激家兔颈部迷走神经向心端，心脏活动的变化是（   ）

    A. 心率加快   B. 心率没有变化

    C. 心率先快后慢   D. 心率变慢

30. 心室肌的前负荷可以用下列哪项来间接表示（   ）

    A. 收缩末期容积或压力   B. 舒张末期容积或压力

    C. 等容收缩期容积或压力   D. 等容舒张期容积或压力

二、填空题

1. 决定和影响自律性的最重要因素是_____。

2. 体温每升高 1℃，心率每分钟将增加_____。

3. 刺激切断的家兔颈部交感神经的头端，耳朵的变化是_____。

4. 心室肌前负荷是指_____，后负荷是指_____。

5. 窦房结对潜在起搏点的控制方式有_____和_____。

6. 决定和影响兴奋性的因素有_____和_____。

7. 影响动脉血压的因素有_____、_____、_____和_____。

8. 剧烈运动可使心舒末期容积从 140ml 增加到 160ml，此称_____储备。

9. 平均动脉压约等于_____。

10. 血流动力学中，血流阻力与_____和_____成正比，与_____4 次方成反比。

11. 心血管活动的基本中枢在_____。

12. 中心静脉压的正常值为_____，它是指_____和_____的压力。

13. 临床上可作强心急救药使用的是_____，作为升压药的是_____。

14. 正常人体心脏兴奋和搏动的起始部位是_____；兴奋从心房传入心室的唯一途径是_____。

15. 正常成人每分钟心搏如为 75 次，则其心动周期平均为_____，心室收缩持续时间为_____。

16. 根据各类血管在循环系统中作用不同，小动脉和微动脉被称为_____血管，静脉被称为_____血管。

三、问答题

1. 试述正常体表心电图的 P 波、QRS 波群、T 波及 P—Q 间期、Q—T 间期 S—T 段意义。

2. 实验中夹闭一侧颈总动脉后，血压有何变化？试述其原理。

3. 实验中，家兔耳缘静脉注射 1∶10 000 去甲肾上腺素 0.3ml，动脉血压有何变化？为什么？

4. 实验中刺激家兔颈部一侧迷走神经后，动脉血压有何变化？ 为什么？

【参考答案】

一、单项选择题

1. C　2. D　3. A　4. B　5. C　6. D　7. B　8. A　9. A　10. C　11. A　12. A
13. C　14. C　15. D　16. C　17. C　18. C　19. B　20. A　21. D　22. A

23. B　24. D　25. A　26. C　27. C　28. D　29. D　30. B

二、填空题

1. 4 期自动去极速度

2. 12～18 次

3. 变白、温度下降

4. 心室舒张末期容积、大动脉血压

5. 抢先占领、超速驱动压抑

6. 静息电位或最大舒张电位与阈电位之间的差距、引起 0 期去极有关的离子通道性状

7. 心输出量、外周阻力、大动脉管壁弹性、循环血量和血管系统容量之间的相互关系

8. 舒张期

9. 100mmHg

10. 血管长度、血液黏滞度、血管半径的

11. 延髓

12. 4～12cmH$_2$O、右心房、胸腔内大静脉血压

13. 肾上腺素、去甲肾上腺素

14. 窦房结、房室交界

15. 0.8s、0.3s

16. 阻力、容量

三、问答题

1. 试述正常体表心电图的 P 波、QRS 波群、T 波及 P—Q 间期、Q—T 间期 S—T 段意义。

答：P 波反映左右两心房兴奋去极化过程；QRS 波群表示左右两心室去极化过程的电位变化；T 波表示左右两心室复极化的电位变化；P—Q 间期表示从心房开始兴奋到心室开始兴奋的时间；Q—T 间期表示两心室开始兴奋去极化到完全复极化到静息期的全过程所需时间；S—T 段表示心室全部去极化。

2. 实验中夹闭一侧颈总动脉后，血压有何变化？试述其原理。

答：血压升高。夹闭一侧颈总动脉后，该侧颈动脉窦的血流量减少，牵张感受器受到的刺激减弱，窦神经传入的冲动减少，到达延髓的冲动减少，使心交感中枢兴奋，交感缩血管中枢兴奋，心迷走中枢抑制，这些兴奋的改变引起了心交感神经、心迷走神经、交感缩血管神经的冲动频率改变，引起了心率增加，心肌的收缩性增强，阻力血管收缩，外周阻力增大，容量血管收缩，回心血量增多，

故血压升高。

3. 实验中，家兔耳缘静脉注射 1∶10 000 去甲肾上腺素 0.3ml，动脉血压有何变化？为什么？

答：动脉血压升高。原因：①去甲肾上腺素主要与血管平滑肌上 α 受体结合，与 β2 受体结合较弱→血管平滑肌收缩→外周阻力增高。②去甲肾上腺素可与心肌 β1 受体结合→心脏的正性效应，心脏活动加强，心输出量↑，血压↑，但由于动脉血压升高引起的压力感受性反射对心脏活动的抑制，可以导致心率减慢。

4. 实验中刺激家兔颈部一侧迷走神经后，动脉血压有何变化？为什么？

答：动脉血压下降。心迷走神经节后纤维末梢释放乙酰胆碱（ACh），与心肌细胞膜上的 M 受体结合，对心脏活动产生负性变抑制效应，包括：减慢心率，减弱心房肌收缩力（对心室作用不明显）；减慢房室传导速度，使心输出量减少，血压下降。

第四节　呼吸生理实验题

一、单项选择题

1. 在家兔呼吸运动调节的实验中，下列操作顺序正确的是（　　）
   A. 称重，麻醉，固定，气管插管　　B. 称重，固定，麻醉，气管插管
   C. 麻醉，称重，固定，气管插管　　D. 麻醉，称重，气管插管，固定

2. 实验中，切断家兔颈部双侧迷走神经，呼吸运动表现为（　　）
   A. 幅度加大，频率减慢　　　　　　B. 幅度加大，频率加快
   C. 幅度减小，频率减慢　　　　　　D. 幅度减小，频率加快

3. 基本呼吸中枢位于（　　）
   A. 脊髓　　　　　　B. 下丘脑　　　　C. 脑桥　　　　　D. 延髓

4. CO_2 对呼吸运动的调节作用主要通过刺激（　　）
   A. 主动脉体化学感受器　　　　　　B. 延髓呼吸中枢
   C. 中枢化学感受器　　　　　　　　D. 颈动脉体化学感受器

5. 下列哪种麻醉剂是家兔实验常用的（　　）
   A. 苯巴比妥钠　　　　　　　　　　B. 戊巴比妥钠
   C. 氯醛糖　　　　　　　　　　　　D. 硫喷妥钠

6. 切断双侧迷走神经后呼吸的改变是（　　）
   A. 呼吸频率加快　　　　　　　　　B. 呼吸幅度减小
   C. 吸气时相缩短　　　　　　　　　D. 呼吸减慢加深

7. 有关肺牵张反射的叙述，正确的是（　　）

A. 参与正常成年人平静呼吸的调节   B. 其感受器分布在肺泡壁

C. 反射的传入神经是交感神经   D. 反射的效应呈浅快呼吸

8. 在家兔呼吸运动的实验中，将橡胶管连接在气管插管上，主要是为了（   ）

   A. 增大无效腔   B. 升高吸入气 PCO_2

   C. 升高血液中 H^+ 浓度   D. 引起低氧

9. 在家兔呼吸运动的实验中，增加血液酸度是通过（   ）

   A. 耳缘静脉注射乙酸   B. 耳缘静脉注射乳酸

   C. 颈静脉输入乙酸   D. 颈静脉输入乳酸

10. 呼吸是指（   ）

   A. 呼气和吸气之和

   B. 气体进入肺的过程

   C. 肺泡与血液之间的气体交换过程

   D. 机体与外环境间进行的气体交换过程

11. 生理情况下，血液中调节呼吸的最重要因素是（   ）

   A. CO_2 B. H^+ C. O_2 D. OH^-

12. 缺氧兴奋呼吸的途径是通过刺激（   ）

   A. 外周化学感受器   B. 中枢化学感受器

   C. 延髓呼吸中枢   D. 脑桥呼吸中枢

13. 关于血中 H^+ 对呼吸的调节，下列叙述中哪一项是错误的（   ）

   A. 动脉血 H^+ 浓度增加，呼吸加深加快

   B. 主要通过刺激中枢化学感受器再反射性地加强呼吸

   C. 刺激外周化学感受器，反射性地加强呼吸

   D. 脑脊液中的 H^+ 才是中枢化学感受器的最有效刺激

14. 将长橡胶管连接在家兔气管插管一侧开口上，家兔的呼吸运动会（   ）

   A. 加深变慢   B. 变浅变慢   C. 加深加快   D. 变浅变快

15. 给家兔注射乳酸后，呼吸运动会（   ）

   A. 加深变慢   B. 变浅变慢   C. 加深加快   D. 变浅变快

16. 关于无效腔和肺泡通气量的叙述，哪项是不正确的（   ）

   A. 生理无效腔等于肺泡无效腔与解剖无效腔之和

   B. 健康人平卧时的生理无效腔明显大于解剖无效腔

   C. 肺泡无效腔是由于血流在肺内分布不均所造成的

   D. 肺泡通气量等于（潮气量−无效腔气量）×呼吸频率

17. 有关中枢化学感受器的叙述，正确的是（   ）

   A. 存在于下丘脑

   B. 对脑脊液中 H^+ 浓度变化敏感

C. 对血液中 2, 3-二磷酸甘油酸敏感

D. 对血液中 PO_2 变化敏感

18. 下列哪种结构不在家兔的颈动脉鞘内（　　　）

    A. 减压神经　　　　　　　　　　　B. 迷走神经

    C. 交感神经　　　　　　　　　　　D. 膈神经

19. 关于家兔气管插管的描述，错误的是（　　　）

    A. 从甲状软骨下方切口　　　　　　B. 沿皮肤正中做横行切口

    C. 沿皮肤正中做纵行切口　　　　　D. 在气管上做倒 T 形切口

20. 下列哪项可降低气道阻力（　　　）

    A. 交感神经兴奋　　　　　　　　　B. 组织胺

    C. 乙酰胆碱　　　　　　　　　　　D. 迷走神经兴奋

二、填空题

1. 耳缘静脉注射麻醉剂时，应选择从_____端向_____端注射。

2. 以 1%戊巴比妥钠麻醉家兔时，按_____ml/kg 体重注射。

3. 对家兔进行气管插管时，切开部位一般选择在_____，做_____形的切口。

4. 血液中 PCO_2 升高，主要是通过_____，其次是通过_____，引起呼吸运动_____。

5. 肺牵张反射包括_____和_____反射。其感受器位于_____，其传入神经是_____。

6. 血液中[H^+]升高，使呼吸运动_____，主要是通过_____实现。

7. 缺氧对呼吸中枢的直接作用是_____。轻度缺氧可使呼吸运动_____，这完全是通过_____实现的。

8. 家兔实验中，将长橡胶管连接在气管插管一侧开口上，可使家兔肺泡气 PO_2_____，PCO_2_____。

9. 呼吸运动实验中，给家兔注射乳酸的部位是_____。

三、问答题

1. 切断家兔颈部一侧迷走神经，呼吸运动有何变化？再切断另一侧迷走神经，呼吸运动的变化是什么？机制如何？

2. 家兔实验中，增加吸入气 PCO_2，呼吸运动有何变化？机制是什么？

3. 家兔实验中，增大无效腔，呼吸运动有何变化？为什么？

4. 给家兔注射乳酸，呼吸运动有何变化？为什么？

【参考答案】

一、单项选择题

1. A 2. A 3. D 4. C 5. B 6. D 7. D 8. A 9. B 10. D 11. A 12. A
13. B 14. C 15. C 16. B 17. B 18. D 19. B 20. A

二、填空题

1. 远、近
2. 3
3. 3～4 或 4～5 气管软骨环、倒 T
4. 刺激中枢化学感受器、刺激外周化学感受器、加深加快
5. 肺扩张反射、肺萎陷反射、气管到细支气管的平滑肌中、迷走神经
6. 加深加快、刺激外周化学感受器
7. 抑制、加强、刺激外周化学感受器
8. 降低、升高
9. 耳缘静脉

三、问答题

1. 切断家兔颈部一侧迷走神经，呼吸运动有何变化？再切断另一侧迷走神经，呼吸运动的变化是什么？机制如何？

答：切断家兔颈部一侧迷走神经，呼吸加深变慢；再切断另一侧迷走神经，呼吸运动更深更慢。迷走神经是肺牵张反射的传入纤维，吸气时肺扩张，冲动经迷走神经上传至呼吸中枢，使吸气中断，转为呼气。切断两侧迷走神经后，中断了肺牵张反射的传入通路，吸气延长，呼吸加深，频率减慢。

2. 家兔实验中，增加吸入气 PCO_2，呼吸运动有何变化？机制是什么？

答：呼吸运动加深加快。一是兴奋外周化学感受器，冲动经窦神经和迷走神经传入延髓，兴奋呼吸中枢；二是通过增加脑脊液 H^+ 浓度，刺激中枢化学感受器，再兴奋呼吸中枢。以第二条途径为主要作用。

3. 家兔实验中，增大无效腔，呼吸运动有何变化？为什么？

答：呼吸运动加深加快。主要通过两个方面进行调节：①PO_2 降低，轻度缺氧，通过刺激外周化学感受器，兴奋呼吸中枢；②PCO_2 升高，通过刺激中枢化学感受器和外周化学感受器，兴奋呼吸中枢，以中枢化学感受器作用为主。

4. 给家兔注射乳酸，呼吸运动有何变化？为什么？

答：呼吸加深加快。血液中 H^+ 浓度升高，主要通过刺激外周化学感受器兴

奋呼吸中枢，由于血液 H^+ 很难通过血脑屏障，因此对中枢化学感受器的刺激作用很小。

第五节　泌尿生理实验题

一、单项选择题

1. 快速静脉注射生理盐水尿量增多的原因是（　　）
   A. 血浆晶体渗透压升高，抗利尿激素增多
   B. 肾小管溶质浓度增加，对抗水的重吸收
   C. 血浆胶体渗透压降低，有效滤过压增高
   D. 醛固酮分泌减少，Na^+ 和水重吸收减少

2. 给家兔静脉注射 20% 葡萄糖 10ml 尿量增多的原因是（　　）
   A. 水利尿　　　　　　　　　　　B. 渗透性利尿
   C. 抗利尿激素合成释放减少　　　D. 醛固酮分泌减少

3. 正常人的肾糖阈为（　　）
   A. 100～120mg/100ml　　　　　　B. 120～140mg/100ml
   C. 140～160mg/100ml　　　　　　D. 160～180mg/100ml

4. 呋塞米（速尿）抑制 NaCl 重吸收作用于（　　）
   A. 近球小管　　　　　　　　　　B. 髓袢升支细段
   C. 髓袢升支粗段　　　　　　　　D. 远球小管集合管

5. 呋塞米（速尿）使尿量增多是由于抑制髓袢升支粗段对何物质的重吸收（　　）
   A. NaCl　　　　　B. $CaCl_2$　　　　　C. 尿素　　　　　D. 肌酐

6. 抑制髓袢升支粗段对 NaCl 的重吸收可引起尿量（　　）
   A. 减少　　　　　　　　　　　　B. 增加
   C. 不变　　　　　　　　　　　　D. 先减少后增加

7. 抗利尿激素可促进下列何结构重吸收水（　　）
   A. 近曲小管　　　　　　　　　　B. 髓袢降支
   C. 髓袢升支　　　　　　　　　　D. 远曲小管、集合管

8. 促进远曲小管、集合管重吸收水的主要激素是（　　）
   A. 血管紧张素　　　　　　　　　B. 醛固酮
   C. 抗利尿激素　　　　　　　　　D. 肾素

9. 合成抗利尿激素的主要部位是（　　）
   A. 下丘脑视上核、室旁核　　　　B. 下丘脑后部
   C. 神经垂体　　　　　　　　　　D. 腺垂体

10. 释放抗利尿激素的部位是（　　）
    A. 下丘脑视上核、室旁核　　　　　B. 下丘脑后部
    C. 神经垂体　　　　　　　　　　　D. 腺垂体

11. 促进抗利尿激素分泌的因素是（　　）
    A. 血浆胶体渗透压升高　　　　　　B. 血浆胶体渗透压下降
    C. 血浆晶体渗透压升高　　　　　　D. 循环血量增多

12. 抑制抗利尿激素分泌的因素是（　　）
    A. 血浆胶体渗透压升高　　　　　　B. 血浆晶体渗透压升高
    C. 大量饮清水　　　　　　　　　　D. 循环血量减少

13. 家兔麻醉的常用给药部位是（　　）
    A. 腹腔　　　　　B. 皮下　　　　　C. 耳缘静脉　　　　D. 肌肉

14. 关于家兔实验的操作顺序正确的是（　　）
    A. 称重，麻醉，固定，气管插管
    B. 称重，固定，麻醉，插管输尿管
    C. 麻醉，称重，固定，动脉插管
    D. 麻醉，固定，气管插管，动脉插管

15. 静脉注射甘露醇引起尿量增加是通过（　　）
    A. 增加肾小球滤过率　　　　　　　B. 增加肾小管液中溶质的浓度
    C. 减少抗利尿激素的释放　　　　　D. 减少醛固酮的释放

16. 给家兔注射垂体后叶激素 2～5U，尿量有何变化（　　）
    A. 减少　　　　　　　　　　　　　B. 增加
    C. 不变　　　　　　　　　　　　　D. 先减少后增加

17. 实验中用 1%戊巴比妥钠麻醉家兔的给药剂量一般是每公斤体重（　　）
    A. 3ml　　　　　B. 1ml　　　　　C. 5ml　　　　　D. 6ml

18. 下述哪种情况下尿量增多与抗利尿激素无关（　　）
    A. 大量饮水　　　　　　　　　　　B. 血浆晶体渗透压降低
    C. 循环血量增加　　　　　　　　　D. 静脉输入甘露醇

19. 关于输尿管插管技术，下列说法正确的是（　　）
    A. 先结扎输尿管近肾脏端，再于结扎点下方剪开输尿管
    B. 先结扎输尿管近膀胱端，再于结扎点上方剪开输尿管
    C. 先结扎膀胱颈，再剪开输尿管
    D. 不用结扎，直接剪开输尿管

20. 关于膀胱插管技术，下列说法正确的是（　　）
    A. 先结扎膀胱颈，再于膀胱顶部剪开一小口
    B. 先结扎输尿管，再于膀胱顶部剪开一小口

C. 先结扎膀胱颈，再于输尿管剪开一小口

D. 不用结扎，直接于膀胱顶部剪开一小口

二、填空题

1. 尿生成的基本过程包括肾小球_____，肾小管、集合管的_____和_____。

2. 给家兔静脉注射 20%葡萄糖 10ml，尿量将_____；注射 1：10 000 去甲肾上腺素 0.5ml，尿量将_____。

3. 外髓高渗梯度是由于髓袢升支粗段对_____的主动重吸收形成。

4. 呋塞米（速尿）使尿量增多是由于可抑制髓袢_____段对_____重吸收，使肾髓质渗透压梯度不能很好建立所致。

5. 抗利尿激素的主要作用是使_____对水的通透性_____，水的重吸收_____，引起尿量_____。

6. 输尿管插管时，应先结扎输尿管近_____端，再于结扎点_____方剪开输尿管，把充满_____的输尿管插管向_____方向插入输尿管，最后用线结扎固定。

7. 膀胱插管时，应先结扎_____，阻断其与_____的通路，再于膀胱_____剪开一切口。

8. 进行输尿管插管时，家兔腹部皮肤切口应选在_____上缘。

三、问答题

1. 试述大量快速输入生理盐水后，尿量有何变化？为什么？

2. 实验中给家兔静脉注射 20%葡萄糖 10ml，尿中是否有糖？尿量有何变化？为什么？

3. 实验中给家兔静脉注射 1：10 000 去甲肾上腺素 0.5ml，尿量有何变化？为什么？

4. 实验中给家兔静脉注射呋塞米（5mg/kg 体重）后，尿量有何变化？为什么？

5. 实验中电刺激家兔迷走神经外周端使血压降至 50mmHg 左右，尿量有何变化？为什么？

6. 实验中给家兔静脉注射抗利尿激素 1～2U（0.2ml），尿量有何变化？为什么？

【参考答案】

一、单项选择题

1. C　2. B　3. D　4. C　5. A　6. B　7. D　8. C　9. A　10. C　11. C　12. C　13. C　14. A　15. B　16. A　17. A　18. D　19. B　20. A

二、填空题

1. 滤过、重吸收、分泌
2. 增多、减少
3. NaCl
4. 升支粗、NaCl
5. 远曲小管和集合管、增大、增多、减少
6. 膀胱、上、生理盐水、肾脏
7. 膀胱颈、尿道、顶
8. 耻骨联合

三、问答题

1. 试述大量快速输入生理盐水后，尿量有何变化？为什么？

答：大量快速输入生理盐水后尿量增多。因为大量快速输入生理盐水后，血浆胶体渗透压降低，有效滤过压升高，肾小球滤过率增高，尿量增多；再加上大量输入生理盐水使血容量增加，肾血浆流量增多，肾小球滤过率增高，尿量增多；血容量增加使抗利尿激素的合成和释放减少，远球小管、集合管对水的通透性降低，水重吸收减少，尿量增多。

2. 实验中给家兔静脉注射 20% 葡萄糖 10ml，尿中是否有糖？尿量有何变化？为什么？

答：①给家兔静脉注射 20% 葡萄糖 10ml，尿中有糖。因为注入葡萄糖使家兔血糖升高，远超过肾糖阈，肾小球滤过的葡萄糖不能被近球小管全部重吸收，而其他部位的肾小管无重吸收葡萄糖的能力，葡萄糖最终随尿液排出，出现糖尿。②给家兔静脉注射 20% 葡萄糖 10ml，尿量增多。由于肾小球滤过的葡萄糖不能被肾小管全部重吸收，小管液溶质浓度升高，小管液渗透压升高，导致水的重吸收减少，出现多尿现象。

3. 实验中给家兔静脉注射 1∶10 000 去甲肾上腺素 0.5ml，尿量有何变化？为什么？

答：给家兔静脉注射去甲肾上腺素后尿量减少。因为去甲肾上腺素可使入球小动脉收缩，肾小球毛细血管血压降低，有效滤过压降低，肾小球滤过率减少，尿量减少；去甲肾上腺素可引起肾血管收缩，肾血浆流量减少，肾小球滤过率减少，尿量减少。

4. 实验中给家兔静脉注射呋塞米（5mg/kg 体重）后，尿量有何变化？为什么？

答：给家兔静脉注射呋塞米后，尿量增多。因为呋塞米可抑制髓袢升支粗段对 NaCl 的重吸收，使肾髓质渗透压梯度不能很好地建立，水重吸收减少，尿浓缩功能降低，尿量增多。

5. 实验中电刺激家兔迷走神经外周端使血压降至 50mmHg 左右，尿量有何变化？为什么？

答：电刺激家兔迷走神经外周端使血压降至 50mmHg 左右，尿量减少。因为血压降至 50mmHg 时，低于肾血流量自身调节范围（80～180mmHg），肾小球毛细血管血压降低，有效滤过压降低，肾小球滤过率减小，尿量减少；电刺激家兔迷走神经外周端使心输出量减小，肾血浆流量减少，肾小球滤过率减小，尿量减少；动脉血压降低，通过压力感受器反射性使抗利尿激素的合成和释放增多，远曲小管和集合管对水的通透性增大，水重吸收增多，尿量减少。

6. 实验中给家兔静脉注射抗利尿激素 1～2U（0.2ml），尿量有何变化？为什么？

答：给家兔静脉注射抗利尿激素后，尿量增多。因为静脉注射抗利尿激素后，家兔血液中抗利尿激素增多，抗利尿激素可提高远曲小管和集合管对水的通透性，使水重吸收增多，尿量减少。

第八章　生理学实验模拟试卷

生理学实验模拟试卷一

一、单项选择题（每小题 4 个备选答案中只有一个最佳答案，每小题 2 分，共 15 小题，共计 30 分）

1. 分析生理学实验结果的正确观点是（　　　）

   A. 动物实验结果可直接用于解释人体的生理功能

   B. 分子水平的研究结果最准确

   C. 整体水平的研究最不可靠

   D. 多水平研究结果的综合，有助于解释生理功能机制

2. 给家兔注射麻醉药，正确的部位是（　　　）

   A. 家兔的股动脉　　　　　　　　　　B. 家兔的股静脉

   C. 家兔的耳缘静脉　　　　　　　　　D. 家兔的耳缘动脉

3. 在家兔的呼吸实验中，正确的操作步骤是（　　　）

   A. 麻醉，称重，固定，气管插管　　　B. 称重，麻醉，固定，气管插管

   C. 称重，固定，麻醉，气管插管　　　D. 麻醉，气管插管，称重，固定

4. 实验中，切断家兔颈部双侧迷走神经，呼吸运动表现为（　　　）

   A. 幅度加大，频率减慢　　　　　　　B. 幅度加大，频率加快

   C. 幅度减小，频率减慢　　　　　　　D. 幅度减小，频率加快

5. 在兔动脉血压调节实验中，错误的操作是（　　　）

   A. 耳缘静脉注射麻醉剂　　　　　　　B. 气管上做倒 T 形切口

   C. 分离左颈动脉，穿两根线　　　　　D. 结扎动脉向心端再插管

6. 实验中给家兔增大无效腔，呼吸的变化是（　　　）

   A. 浅快呼吸　　　　B. 深慢呼吸　　　　C. 深快呼吸　　　　D. 浅慢呼吸

7. 实验中，刺激家兔颈部迷走神经向心端，心脏活动的变化是（　　　）

   A. 心率变慢　　　　　　　　　　　　B. 心率没有变化

   C. 心率先快后慢　　　　　　　　　　D. 心率加快

8. 切断家兔颈部交感神经,耳朵的变化是(　　　)

　　A. 变红,温度升高　　　　　　　　B. 变白,温度下降

　　C. 变红,温度下降　　　　　　　　D. 变白,温度升高

9. 有效刺激强度固定的条件下,给蛙腓肠肌标本刺激,随着刺激频率的增加,蛙腓肠肌标本收缩形式的改变是(　　　)

　　A. 单收缩→不完全强直收缩→完全强直收缩

　　B. 单收缩→完全强直收缩→不完全强直收缩

　　C. 完全强直收缩→不完全强直收缩→单收缩

　　D. 不完全强直收缩→ 完全强直收缩→单收缩

10. 实验中直接滴去甲肾上腺素到小肠,小肠的变化是(　　　)

　　A. 肠蠕动增加　　　　　　　　　　B. 肠腔扩大

　　C. 管壁收缩　　　　　　　　　　　D. 肠腔缩小

11. 实验中,蛙心对外来刺激发生反应的时期是(　　　)

　　A. 心室收缩中晚期　　　　　　　　B. 心室收缩早期

　　C. 心室舒张中晚期　　　　　　　　D. 心室舒张早期

12. 夹闭实验动物的颈总动脉,血压改变主要是因为刺激了(　　　)

　　A. 主动脉弓压力感受器　　　　　　B. 主动脉体化学感受器

　　C. 颈动脉窦压力感受器　　　　　　D. 颈动脉体化学感受器

13. 给家兔耳缘静脉注入 1∶10 000 去甲肾上腺素 0.3ml,血压有何改变(　　　)

　　A. 血压不变　　　　　　　　　　　B. 血压升高

　　C. 血压降低　　　　　　　　　　　D. 先降后升

14. 用有效电脉冲刺激左侧颈迷走神经外周端,兔血压(　　　)

　　A. 不变　　　　B. 升高　　　　C. 降低　　　　D. 先降后升

15. 某人的血细胞与 B 型血的血清凝集,而其血清与 B 型血的血细胞不凝集,此人血型是(　　　)

　　A. A 型　　　　　B. B 型　　　　　C. O 型　　　　　D. AB 型

二、填空题 (16~20 每空 2 分,共 5 空,共计 10 分)

给体重 2.0kg 的家兔,用 1%戊巴比妥钠按 3ml/kg 体重静脉麻醉,分析下列情况兔的尿量变化。

16. 家兔耳缘静脉注射 1∶10 000 去甲肾上腺素 0.3ml,尿量_____。

17. 家兔耳缘静脉注射生理盐水 20~50ml,尿量_____。

18. 家兔耳缘静脉注射 20%葡萄糖溶液 20ml,尿量_____。

19. 家兔耳缘静脉注射 1%速尿(0.5ml/kg),尿量_____。

20. 家兔耳缘静脉注射垂体后叶素 2~5U,尿量_____。

三、问答题（21～23 每题 20 分，共 3 小题，共计 60 分）

21. 实验中夹闭兔一侧颈总动脉，兔血压有何改变？为什么？

22. 在实验中，刺激蛙腓肠肌为什么随着刺激强度的增加肌肉收缩幅度会增大？为何强度达到一定时，肌肉收缩幅度不再增大？

23. 实验中给家兔吸入一定量的 CO_2，呼吸有何变化？其机制如何？

参考答案与评分标准

一、单项选择题（每小题 4 个备选答案中只有一个最佳答案，每小题 2 分，共 15 小题，共计 30 分）

1. D　2. C　3. B　4. A　5. D　6. C　7. A　8. A　9. A　10. B　11. C　12. C　13. B　14. C　15. D

二、填空题（16～20 每空 2 分，共 5 空，共计 10 分）

16. 减少
17. 增加
18. 增加
19. 增加
20. 减少

三、问答题（21～23 每题 20 分，共 3 小题，共计 60 分）

21. 实验中夹闭兔一侧颈总动脉，兔血压有何改变？为什么？

答：血压升高（2 分）。

夹闭兔一侧颈总动脉后，颈动脉窦、主动脉弓压力感受器感受刺激减少（2 分），经传入神经传入的冲动减少（2 分）。延髓的心迷走中枢抑制，心交感中枢兴奋，交感缩血管中枢兴奋（2 分）。传出神经心迷走神经传出冲动减少（2 分），心交感神经传出冲动增加（2 分），心收缩力增强，心率加快，心输出量增加（2 分）。交感缩血管神经传出冲动增加（2 分），小静脉收缩，回心血量增加，进一步增加心输出量（2 分），小动脉收缩，外周阻力增加（2 分），兔血压升高。

22. 在实验中，刺激蛙腓肠肌为什么随着刺激强度的增加肌肉收缩幅度会增大？为何强度达到一定时，肌肉收缩幅度不再增大？

答：当刺激的强度太小，达不到阈强度时，由于动作电位不能产生（2 分），肌纤维不能收缩（2 分），当刺激的强度达阈强度时，可引起动作电位（2 分），肌纤维才发生收缩（2 分）。因为腓肠肌是由许多肌纤维组成的（2 分），这些肌纤维的阈强度、兴奋性都不完全相同（2分），不同的刺激强度将引起不同数量的肌纤维收缩（2分），所以在一定范围内，腓肠肌收缩的幅度会随刺激强度的增加而增大（2分），当刺激强度达到一定值，所有肌纤维都发生收缩时（2分），肌肉收缩幅度不再增大（2分）。

23. 实验中给家兔吸入一定量的CO_2，呼吸有何变化？其机制如何？

答：呼吸加深加快（4分）。

给家兔吸入一定量的CO_2，血中CO_2分压增加（4分），刺激中枢化学感受器（2分）和外周化学感受器（2分），以中枢途径为主（4分），兴奋延髓呼吸中枢（4分），因此呼吸加深加快。

生理学实验模拟试卷二

一、单项选择题（每小题4个备选答案中只有一个最佳答案，每小题2分，共15小题，共计30分）

1. 在家兔的尿液生成调节实验中，正确的操作步骤是（　　）

　A. 称重，麻醉，固定，气管插管

　B. 称重，麻醉，固定，输尿管插管

　C. 称重，固定，麻醉，气管插管

　D. 麻醉，气管插管，称重，固定

2. 实验中用1%戊巴比妥钠麻醉家兔的给药剂量一般是每公斤体重（　　）

　A. 3ml　　　B. 1ml　　　C. 5ml　　　D. 6ml

3. 红细胞凝集原和血浆中相应凝集素结合，发生抗原抗体反应，称为红细胞（　　）

　A. 凝集　　　　B. 凝固　　　　C. 叠连　　　　D. 止血

4. 在家兔呼吸运动的实验中，将橡胶管连接在气管插管上，主要是为了（　　）

　A. 增大无效腔　　　　　　　　B. 升高吸入气PCO_2

　C. 升高血液中H^+浓度　　　　D. 引起低氧

5. 关于输尿管插管技术，下列说法正确的是（　　）

　A. 先结扎输尿管近肾脏端，再于结扎点下方剪开输尿管

　B. 先结扎输尿管近膀胱端，再于结扎点上方剪开输尿管

　C. 先结扎膀胱颈，再剪开输尿管

　D. 不用结扎，直接剪开输尿管

6. 下列哪种结构不在家兔的颈动脉鞘内（　　）

　A. 减压神经　　　B. 迷走神经　　　C. 交感神经　　　D. 膈神经

7. 实验中，切断家兔颈部一侧迷走神经，呼吸运动表现为（　　）

A. 幅度加大，频率减慢   B. 幅度加大，频率加快

C. 幅度减小，频率减慢   D. 幅度减小，频率加快

8. 在兔动脉血压调节实验中，正确的操作是（　　）

A. 耳缘动脉注射麻醉剂   B. 气管上做正 T 形切口

C. 分离左颈动脉穿一根线   D. 结扎左颈动脉远心端再插管

9. 实验中给家兔一定量的 CO_2，呼吸的变化是（　　）

A. 深快呼吸   B. 浅快呼吸   C. 深慢呼吸   D. 浅慢呼吸

10. 实验中，刺激家兔颈部迷走神经远心端，心脏活动的变化是（　　）

A. 心率变慢   B. 心率没有变化

C. 心率先快后慢   D. 心率加快

11. 观察家兔耳朵血管的变化，需刺激（　　）

A. 颈部迷走神经向心端   B. 颈部交感神经向心端

C. 颈部迷走神经远心端   D. 颈部交感神经远心端

12. 有效刺激强度固定的条件下，给蛙腓肠肌标本刺激，两刺激频率的间隔时间大于收缩时间而小于收缩舒张之和的时间，蛙腓肠肌标本收缩形式是（　　）

A. 单收缩   B. 不完全强直收缩

C. 完全强直收缩   D. 不发生收缩

13. 药物对家兔的肠平滑肌的作用实验中，加入一定量的 ACh，肠管活动有何变化？（　　）

A. 活动加强   B. 活动减弱

C. 先活动减弱后活动加强   D. 没有变化

14. 室性期前收缩后出现代偿间歇的原因是（　　）

A. 窦房结的节律性兴奋延迟发放

B. 窦房结的节律性兴奋少发放一次

C. 室性期前收缩时心室肌的有效不应期很长

D. 窦房结的一次节律性兴奋落在室性期前兴奋的有效不应期

15. 某人失血后，先后输入 A 型血、B 型血各 150ml 均未发生凝集反应，该人血型为（　　）

A. A 型   B. B 型   C. AB 型   D. O 型

二、填空题（16～19 每空 2 分，共 5 空，共计 10 分）

给体重 2.0kg 的家兔，用 1%戊巴比妥钠按 3ml/kg 体重静脉麻醉，分析下列情况兔的血压变化。

16. 夹闭一侧颈总动脉 10s，血压_____。

17. 用有效电脉冲刺激左侧颈迷走神经外周端，血压_____。

18. 家兔耳缘静脉注射 1∶10 000 去甲肾上腺素 0.3ml，血压＿＿＿＿＿。

19. 耳缘静脉注射麻醉剂时，应选择从＿＿＿＿端向＿＿＿＿端注射。

三、问答题（20～22 每题 20 分，共 3 小题，共计 60 分）

20. 试述血型的定义和类型。没有标准血清，如何鉴定 ABO 血型？

21. 实验中从兔耳缘静脉注射 20%的葡萄糖水 20ml，兔的尿量有何变化？为什么？

22. 实验中增加兔呼吸道的长度，兔子的呼吸有何变化？为什么？

参考答案与评分标准

一、单项选择题（每小题 4 个备选答案中只有一个最佳答案，每小题 2 分，共 15 小题，共计 30 分）

1. B　2. A　3. A　4. A　5. B　6. D　7. A　8. D　9. A　10. B　11. D　12. B　13. A　14. D　15. C

二、填空题（16～19 每空 2 分，共 5 空，共计 10 分）

16. 升高

17. 降低

18. 升高

19. 远心、近心

三、问答题（20～22 每题 20 分，共 3 小题，共计 60 分）

20. 试述血型的定义和类型。没有标准血清，如何鉴定 ABO 血型？

答：血型指血细胞膜上的特异性抗原的类型（4 分）。正常人具有三种血型：RBC 血型（2 分）、WBC 血型（2 分）、血小板血型（2 分）。

从已知的 A 型和 B 型人身上抽取血液（2 分），用其血清制备 A 型和 B 型标准血清进行鉴定（4 分）；也可用已知的 A 型和 B 型人血，采用交叉配血实验进行鉴定（4 分）。

21. 实验中从兔耳缘静脉注射 20%的葡萄糖水 20ml，兔的尿量有何变化？为什么？

答：尿量增加（2 分）。

从兔耳缘静脉注射 20%的葡萄糖水 20ml，使血糖浓度升高（2 分），并远远超过兔的肾糖阈（4 分），葡萄糖在肾小管不能完全被重吸收（2 分），肾小管内的溶质浓度增高（4分），使肾小管内的渗透压也随之增高（4分），阻碍水的重吸收（2分），尿量增加（渗透性利尿）。

22. 实验中增加兔呼吸道的长度，兔子的呼吸有何变化？为什么？

答：呼吸加深加快（2分）。

增加兔呼吸道的长度，等于增加了解剖无效腔（2分），进入肺泡的氧减少（2分），血中 O_2 分压减低（2分），刺激外周化学感受器（2分），颈动脉体和主动脉体（2分），通过窦神经（2分）和主动脉神经（2分）传入延髓呼吸中枢（2分），兴奋延髓呼吸中枢（2分），使呼吸加深加快。

附 录 1

生理学实验技能考核表

实验题目			
实验者姓名	实验操作分工		
		实验班级	
		实验日期	
		实验地点	
		实验成功与否	
		实验考核得分	
		评分教师	

生理学实验技能考核表

实验题目			
实验者姓名	实验操作分工		
		实验班级	
		实验日期	
		实验地点	
		实验成功与否	
		实验考核得分	
		评分教师	

生理学实验技能考核表

实验题目			
实验者姓名	实验操作分工		
		实验班级	
		实验日期	
		实验地点	
		实验成功与否	
		实验考核得分	
		评分教师	

生理学实验技能考核表

实验题目			
实验者姓名	实验操作分工		
		实验班级	
		实验日期	
		实验地点	
		实验成功与否	
		实验考核得分	
		评分教师	

生理学实验技能考核表

实验题目			
实验者姓名	实验操作分工		
		实验班级	
		实验日期	
		实验地点	
		实验成功与否	
		实验考核得分	
		评分教师	

附 录 2

生理学实验报告一

【实验者姓名】　　　　　　　【班级及学号】
【参加人员】

【实验日期】　　　　　　　【地点】　　　　　　【室温】　　　【记录员】
【实验题目】
【实验目的】

【实验原理】

【实验对象】
【实验器材和药品】

【实验方法与步骤】
【实验结果】

【实验讨论】

【结论】

生理学实验报告二

【实验者姓名】　　　　　　　【班级及学号】
【参加人员】

【实验日期】　　　　　　　【地点】　　　　　　【室温】　　　【记录员】
【实验题目】
【实验目的】

【实验原理】

【实验对象】
【实验器材和药品】

【实验方法与步骤】
【实验结果】

【实验讨论】

【结论】

生理学实验报告三

【实验者姓名】　　　　　　　【班级及学号】
【参加人员】

【实验日期】　　　　　　　【地点】　　　　　　【室温】　　【记录员】
【实验题目】
【实验目的】

【实验原理】

【实验对象】
【实验器材和药品】

【实验方法与步骤】
【实验结果】

【实验讨论】

【结论】

生理学实验报告四

【实验者姓名】　　　　　　　　【班级及学号】

【参加人员】

【实验日期】　　　　　　　　【地点】　　　　　　【室温】　　　【记录员】

【实验题目】

【实验目的】

【实验原理】

【实验对象】

【实验器材和药品】

【实验方法与步骤】

【实验结果】

【实验讨论】

【结论】

生理学实验报告五

【实验者姓名】　　　　　　　【班级及学号】
【参加人员】

【实验日期】　　　　　　　【地点】　　　　　　【室温】　　　【记录员】
【实验题目】
【实验目的】

【实验原理】

【实验对象】
【实验器材和药品】

【实验方法与步骤】
【实验结果】

【实验讨论】

【结论】

生理学实验报告六

【实验者姓名】　　　　　　　　【班级及学号】

【参加人员】

【实验日期】　　　　　　　　【地点】　　　　　　　【室温】　　　【记录员】

【实验题目】

【实验目的】

【实验原理】

【实验对象】

【实验器材和药品】

【实验方法与步骤】

【实验结果】

【实验讨论】

【结论】